JN169349

鳥の不思議な生活

THE THING WITH FEATHERS

ハチドリのジェットエンジン，ニワトリの三角関係，全米記憶力チャンピオンvsホシガラス

ノア・ストリッカー［著］
片岡夏実［訳］

築地書館

THE THING WITH FEATHERS

by Noah Strycker

This edition published by arrangement with Riverhead Books, a member of

Penguin Group (USA) LLC, a Penguin Random House Company

through Tuttle-Mori Agency, Inc., Tokyo

Japanese translation by Natsumi Kataoka

Published in Japan by Tsukiji Shokan Publishing Co., Ltd., Tokyo

扉イラスト：著者

序

鳥が私たちを研究したらどうなるか、想像してみよう。ヒトの特徴のどれが、鳥たちの関心を引くだろう？　どのようにして結論を導き出すだろう？たぶん鳥たちは、たいていの優れた科学者がするように、基本的なことから始める。時間をかけて、ヒトの身体を計測するだろう。体重、身長、筋力、脈拍、脳の大きさ、肺活量、色、成長速度、平均寿命などだ。学究肌の鳥たちは、人間の臨床的、身体的観察記録を満載した本を何冊も書くだろう。もちろん、彼らはデータ収集のために野外調査団を派遣しなければなるまい。ある朝、玄関を一歩出たあなたは目に見えない網にからめ取られ、物差しや秤を手にした若く優秀なヒバリたちに取り囲まれるかもしれない。言うまでもなくすぐに解放され、捕まったきまり悪さと髪の毛を二、三本慎重に抜かれたほかは、何一つダメージはない。その後ヒバリたちは帰って、得られた数字を分析するだろう。

こうした計測値から、鳥は私たちについて実際どれほどのことがわかるのだろう？　私たち人類が日ごろ誇っている、脳の大きさを例に取ろう。ヒトの脳の大きさ自体は、特別なものではないと、鳥は当然のように指摘するだろう。たとえばクジラやゾウの脳は、もっと大きい。さらに鳥は、ヒトの脳の大きさを体重と比較するだろうが、それでもヒトは突出してはいない。ヒトの脳の重さと体重の比は、ハツカネズミとほぼ同じくらい（約一／四〇）であり、ある種の鳥（一／一四）より小さい。相対的な大きさでは、アリが最大の脳の持ち主（一／七）かもしれない。この凡庸な数字を説明するために、脳の大きさは体重の増加につれて、指数法則に従って大きくなると人間は主張している――つまり、脳は体と正比例で増大するわけではないということだ。しかしこの公式は、哺乳類が哺乳類のために考え出したものだ。鳥は、もし私たちの脳を研究したとすれば、この理論を採用しないかもしれない。鳥はヒトの脳が――さらに言えばヒトという動物が――取り立てて面白いとは思わないかもしれないのだ。

だからヒトについて本当に知ろうとするなら、好奇心の強い鳥たちは、私たちの身体を研究するだけでは不十分だ。私たちがどのように行動するかをつぶさに観察し、そのような行動を取るのはなぜかを解明するように努めなければならないだろう。これは大仕事だ。一見単純な問題を考えてみよう。なぜあなたは、この本を読んでいるのか？「鳥について知りたいから」「楽しみのため」、そんな答えが返ってきそうだが、おそらくそれ以上の理由がある。読書は広く行きわたったヒトの衝動であるらしいのだ。人類史の大部分に書物は存在しなかったにもかかわらず、多くの文化圏に属する人々が読書を楽しんでいると、進化生物学者は指摘する。紙に書かれた言葉を解読するには、私たちの中に刻み込まれた能力を駆使しなければならないが、なぜ人間が読書を好むのか、誰もはっきりとは知らない。そして、なぜそうするのか自分自身が知らないとすれば、この本を読んでいるあなたを鳥はどう理解できるというのだろう？　鳥は、自分たちにはまったく異質な行動について、どのように結論づけるだろう？

鳥がヒトの行動の研究を始めるとしたら、ほぼ間違いなく自分たちが知っているものから手をつけるだろう。たとえば、睡眠の習慣から。ヒバリの野外調査団は、あなたの寝室の隅にキャンプして、シーツの色やいびきの音量などを事細かに記録する。間違いなく鳥は、毎晩の休息の必要性を理解するだろう。しかし、こうした寝室での徹夜の観察から、鳥はヒトの特徴一般についてどのように結論づけるだろうか？　特に、鳥の眠りが私たちとは違うことを考えた場合。ほとんどの鳥は非常に眠りが浅く、人間にとって当たり前の、ぐっすり眠り込むという状態に落ちることはまれだ。また一部の鳥にはきわめて奇妙な睡眠の習慣がある——飛びながら、一度に脳を半分ずつ休ませているらしいと考えられるものもいるのだ。ある種のオウムは、コウモリのように逆さまにぶら下がって眠る。ハチドリは暗くなるとエネルギーを節約するために仮死状態に入る。睡眠のようなもっとも基礎的な行動さえも、研究すればするほど複雑になり、そして理解するのが難しくなるのだ。

鳥は、ヒトの習慣の調査から、人類が鳥になりたがっているとさえ結論するかもしれない。過去一世紀、私たちが飛行機に、スペースシャトルに、その他の空を飛ぶ機械に莫大な金を費やしてきたことを考えてみるといい。鳥はどう思うだろう？　鳥とヒトの行動の違いについて——そしてその違いが絶対的なものか、程度の差に過ぎないのかについて——かつてダーウィンが言ったように鳥は議論するだろうか？　鳥はある種の飛行機を哀れみの目で調べ、被験者に対して優越感を感じるかもしれない。それも無理のないことだろう。

鳥が人間を研究するという発想は、まったくの擬人化であり、強調のために人間の性質を鳥に当てはめたにすぎない。鳥にはヒトの研究のほかにやることがあるし、科学的探求のような概念を認識する知的能力を持っているかどうかさえ疑問だ。バードウォッチャーは、よく冗談で鳥が自分たちを観察していると言うが、鳥はおそらく捕食者への必要最低限の恐れ以外、人間に対してさほどの関心を抱いていない(詳しくは「闘争か逃走か——ペンギンの憂鬱」の章を参照)。私たちが鳥の世界で果たす役割は、ごくわずかなのだ。

それでも私たち人類が鳥について研究し、その行動についての発見が増えるほど、私たち自身と羽を持つ友達とのあいだに多くの類似点が見つかる。鳥の行動のほぼあらゆる分野——繁殖、分布、移動、日周リズム、コミュニケーション、方向感覚、知能など——に私たちのものと大変に似ている点があり、それには大きな意味があるのだ。最近、動物行動についての科学的な考え方が変わってきたことで、人間の独自性よりも、ヒトという動物と他の動物との共通部分が注目されるようになった。もともとヒトの特徴とされていたもの、たとえば音楽に合わせて踊る(「オウムとヒトの音楽への異常な愛情」の章参照)、自分の鏡像を理解して自分だと認識する(「鏡を見るカササギ」の章参照)、芸術を創造する(「ニワシドリの誘惑の美学」の章参照)、愛とロマンスまでもが(「アホウドリの愛は本物か」の章参照)、鳥にも認められている。これは擬人化などではない。擬人化だという者はすべて、鳥であることが意味するものの大半を無視している。さらに、次々と行なわれる人間に対する神経学的研究が示すのは、同じ行動がヒトに現れた場合、それは多くの人間が自覚している以上に本能的なもので、長い年月にわたる自然選択の結果であるかもしれないということだ。言いかえればそれは、生存に有利であるために進化した行動なのだ。つまりヒトと他の動物の間にあるとされるギャップは最近、両方の端から縮まっているわけだ。

幸運なことに私は、ここ十年間の大部分を野外で過ごし、鳥の行動を研究する科学者と共に、実地研究プロジェクトに携わっている。このようなプロジェクトのおかげで私は、世界の辺境地で一度に数カ月鳥を観察して過ごすことができた。エクアドル・アマゾン、南極のペンギン・コロニー、オーストラリアの奥地、カリフォルニアのファラロン諸島、コスタリカとパナマのジャングル、ガラパゴス諸島、フォークランド諸島、メイン州の離島、ハワイ島などなど。私は二五〇〇種近い鳥を観察し、それが実験材料などではなく、むしろ生き生きとした、予想のつかない、個性と生命力あふれる存在であるとの認識を深めていった。鳥を知るためには、人を知るのと同じように時間がかかる。

鳥の行動の中にはヒトに当てはまらないものがあり、そうしたものは特に魅力的で興味深い。「第六」の磁気感覚（「知られざるハトの帰巣能力」参照）、磁石として機能する群れ（「ムクドリの群れの不思議」参照）、ヒメコンドルの嗅覚（「ヒメコンドルの並はずれた才能」参照）などがそれだ。こうした超能力を持つのがどのようなものか想像するのは難しいが、鳥は時に、想像してみるように私たちに促す。

しかしよく見てみると、一見信じがたい鳥の芸当には、われわれ人間と共通するものが多くあり、そこには興味深い教訓がある。オーストラリアムシクイによる共同営巣（「オーストラリアムシクイの利他的行動」参照）は、ヒトが多くの場合他人に親切である理由を説明する。目が回るようなハチドリのスピード（「闘うハチドリ」参照）は、慌ただしさを増す私たち自身の生活への警告となる。シロフクロウ（「シロフクロウの放浪癖」参照）は、放浪する者すべてが道に迷っているわけではないことを裏付ける。ニワトリでさえも（「ニワトリのつつき順位が崩れるとき」参照）自然のつつき順位について何かを教えてくれる。

この本は鳥の世界について書いたものかもしれないが、人間の世界についての本でもある。鳥の行動は奇妙で派手で驚くべきものだろうが、私たちと同じ基本的なもの、つまり食料、すみか、なわばり、安全、交流、遺産を求めている。それぞれの章は鳥のきわめて興味深い行動を探り、それを実現する鳥に焦点を当てている。これから驚くべき鳥の物語が続々と登場する。圧倒されることを覚悟してほしい。たとえば、ハイイロホシガラスの記憶力（「ホシガラスの驚異の記憶力」参照）に。それは脳に何ができるかを私たちに教え、自分自身の脳の力を高めようという気にさせるかもしれない。

鳥を研究することで、私たちは最終的に自分自身を知ることになる。鳥の行動はヒトの行動を映す鏡になる。本書の中では、鏡はいたる所にあり、私たちと地球を共有する一万種の鳥の数知れぬ翼端に輝いている。幸運にも、鳥はどこにでもいる。ただそれを観察するだけでいいのだ。

鳥の不思議な生活　目次

知られざるハトの帰巣能力

先日バードウォッチングに出かけたとき、軽くハンバーガーでも食べようとオレゴン州南東部の辺境の町、フィールズに立ち寄った私は、もう少しで駐車場にいたハトを見過ごすところだった。フィールズは郵便番号の範囲に八〇人足らずが住み、店が一軒、宿屋が一軒、オープンレンジ（訳註：自由に放牧ができる場所）の幹線道路に沿ってポプラ並木があるだけのところだ。数年前、この道路に飛行機が着陸し、ガソリンスタンドまでタキシングしていくのを私は見た。パイロットは車より牛に気をつけなければならなかった。フィールズにはあまり車が走っていないのだ。

ハトはレストランの網戸のすぐ外で、何やら中に入りたそうにしながら、静かに舗装やタンブルウィード（回転草）の切れ端をつつき回っていた。ハンバーガーの最後の一口を食べ終えたとき、ふと思いついたことがあった。ここは一番近いマクドナルドから一五〇キロも離れたような場所で、ハトなどめったにいない。

「見て、ハトだ！」私は言った。

他の旅行者たちも気づいて、給油ポンプの先までハトを追い払った。彼らがまっすぐ近づいてくるまで、ハトはほとんど動かなかった。

「だいぶ慣れているようだな」父と仲間のバードウォッチャーが言った。「どこから来たんだろう?」。

「きっとわかるよ」と私は応じた。「脚輪を見てみよう。あれはたぶんレース鳩だから」。

そのころ私は帰巣行動について研究しており、大西洋を渡るマンクスミズナギドリや、ボビーという名前の奇跡の犬や、南アフリカの一〇〇万ドルの鳩レースといった奇妙な話で頭がいっぱいだった。今、現実にレース鳩が人里離れたこの地に空から降りてきて、昼食中の私のほうにまっすぐやってきた——何という偶然だろう。

私は双眼鏡を取り、網戸から外に出ると、駐車場のハトのまわりを、数字が読める角度を探して横歩きで回りはじめた。番号が全部わかればハトの飼い主がわかり、そしてたぶん、はるばるフィールズまでやってきた理由もわかるだろう。

父はそれほど悠長ではなかった。

「おい、手伝ってくれ。横に回る」そう言いながら父は素早く近づいた。ハトは最後の瞬間に駆けだしたが、一メートルほどで立ち止まり、誘うような顔つきで振り返った。父はもう一度突進したが、したたかなハトはジグザグに走って手を逃れた。私はハトにかぶせようと上着を脱ぎだしたが、その前に父が三度目の挑戦で素手で捕まえた。捕まったハトは動じることなく父の手の中にのうのうと収まって、きょとんとした目玉でこちらを見つめ、餌をくれはしないかと思っているようだった。

それは頭に白い羽毛をちりばめた、見目のいい都会のハトのようで、片足には緑の脚輪、もう片方には赤い脚輪を着けていた。緑の脚輪にはコンピューター・チップが埋め込まれ、何も書かれていなかったが、赤い脚輪にははっきりと文字が刻まれていた。AU 2011 IDA 1961。

「思ったとおりだ」私は言った。

番号を控えてから、私たちはハトを駐車場に放した。ハトは、風に飛ばされてきた種を、また舗装の割れ目からついばみはじめた。迷子なのだろうか？　それとも私たちみたいに、補給のために立ち寄っただけなのか？　この謎を解き明かしてみるのもおもしろそうだ。私たちはハンバーガー代を払うため屋内へと戻った。

鳥は驚くほど方向感覚に優れている。だからこのハトが家にたどり着く見込みはかなりあると、私は考えた。レース鳩は当然のように方位測定能力で知られているが、多くの鳥が同じ能力を持っている。私は以前聞いた信じがたい話を思い出していた。一九五〇年代にマンクスミズナギドリで行なわれた実験だ。

「ねえ、ミズナギドリが五〇〇〇キロ飛んで、大西洋を渡って巣に帰ったことがあるって、知ってる？」会計をしているときに私は言った。

父は私がこの手のことを言うのに慣れているが、ウェイトレスは怪訝な顔つきで私たちを見ていた。

ロックリーの実験

第二次世界大戦の直前、ウェールズの鳥類学者ロナルド・ロックリーは二羽のマンクスミズナギドリ（すらりとした水鳥の一種）をスコークホルム島で捕らえ、実験のために飛行機でイタリアのベネチアへ連れて行った。目的地につくと、ロックリーは最寄りの海岸に向かい、二羽を放した。果たしてこの鳥たちに再び会えるだろうか。

十四日後、そのうちの一羽がスコークホルム島のねぐらに姿を現した。ロックリー本人が帰ってからそれほどたっていなかった。ロックリーはひどく驚いた。白と黒の、サッカーボールほどの大きさの海鳥は、この種にとってまったくなじみがない山岳地を越えて、一五〇〇キロを少なくとも一日平均一〇五キロ旅してきたのだ。マンクスミズナギドリという亜種はほぼ全生涯を海で過ごし、魚などの海洋生物だけを餌とし、普通は地中海地域に生息することが一切ない。陸地に降りるのは、荒れた北大西洋の周辺に沿った、スコークホルムのような険しい島で巣造りをするためだけだ。ベネチアからスコークホルム島まで海上ルートを取るには、南西に飛んでイタリアの先端を回り、西へ進路を取ってスペインを通り越しジブラルタル海峡を抜け、ポルトガルとフランスを通過して北へ向かう六〇〇〇キロの回り道をする必要があるが、この鳥はどうも直線的に飛んできたようだ。放したとき開けた地中海へ向かわずに、反対方向を目指して内陸へ、イタリア・アルプスへと消えていった——そしてやがてウェールズのすみかにたどり着いたのだ。まるで地図と磁石でも持っていたかのように。

ロックリーは強く興味をそそられた。彼はウサギを繁殖させて売るために、一九三〇年代に崖に囲まれた周囲一・六キロほどの島、スコークホルムに移住してきたが、島に棲む鳥の生態を書くようになると、たちまち暮らし向きがよくなった。さらにロックリーは五〇冊を越える本を出版し、カツオドリ(別の種類の海鳥)についてのドキュメンタリーでオスカー賞まで受賞したが、やはりマンクスミズナギドリとその信じがたい帰巣能力の実験でもっともよく知られている。ベネチアの実験のあと、ロックリーは鳥をさらに遠くへと送る機会をうかがっていた。二羽の鳥を箱詰めにして汽船でアメリカに送ったところ、旅を乗り切れず、戻れる健康状態ではなかった。だが、戦後、アメリカのクラリネット奏者ロザリオ・マッゼオがスコークホルム島を訪れたとき、ロックリーに再びチャンスが巡ってきた。ロックリーは友人であるマッゼオを説き伏せて、二羽のミズナギドリを飛行機でアメリカに連れて行き、ボストンで放してもらうことができた。

マッゼオの旅はウェールズからロンドンまでの寝台車で始まった。二羽のミズナギドリが収まった小さなボール紙の箱は「隣の部屋の客たちを少なからず不思議がらせ、おもしろがらせた。夜遅く、私の部屋から聞こえてくるニャーニャー、クワックワッという音の出所が何なのか、わからなかったからだ」と、彼はあとで述べている。翌朝マッゼオは、アメリカへ飛ぶ長距離便に乗り込んだ。鳥は座席の下に突っ込んだ——セキュリティの厳しい昨今ではまずできないだろう。生きていたのは一羽だけだった。マッゼオは航空会社職員の出迎えを受けた。職員は彼をボストン国際空港の公用トラックで空港の東のはずれまで送った。そこで箱を開けると、生き残った鳥が羽を伸ばし、飛び立ってボストン港へと滑空していった。海岸に到達したミズナギドリは、東へ急旋回し、大西洋に向かって突き進んでいった。故郷とのあいだには五一五〇キロの大洋が横たわっていた。

十二日と十二時間三十一分後、ロックリーはそのミズナギドリ、ナンバーＡＸ６５８７がスコークホルム島のねぐらに戻っているのを見つけた。鳥は目印のない大西洋を二週間近く、一日平均四〇〇キロで飛んだのだ。マッゼオは、ボストンのシンフォニーホール宛ての大成功を知らせる電報を受け取ったが、一部始終を知るのはロックリーが詳しく分析してからだった。鳥があまりに早くスコークホルムに姿を見せたので、何か手違いがあったにちがいないとロックリーは考えていた。マッゼオがロンドンで早々とミズナギドリを放してしまったのではないかと彼は想像した。実は、親切なクラリネット奏者は任された鳥を放したすぐあと、ボストンから手紙を送っていた。ところが鳥のほうが郵便よりも速かった。マッゼオの手紙はミズナギドリの到着の翌日に届き、ロックリーはようやく、この鳥がアメリカからヨーロッパの巣まで、信じがたい旅をしてきたことを知った。

動物が見知らぬ土地からの帰り道を見つけた信じがたい話は、世界中にたくさんある。多くはペットに関係したものだ。一九二三年、オレゴン州のある家族は、インディアナ州に車で旅行した途中で、犬のボビーを見失った。探しまわった末に打ちひしがれて帰宅した一家だったが、驚いたことに六カ月後、オレゴンの家の戸口にボビーが――三つの傷と一本抜けた歯でそれとわかった――姿を現したのだ。足はよろよろ、毛はぼろぼろ、骨と皮に痩せている。どうやら冬のさなかに四二〇〇キロを歩き、アメリカを横断してきたようだ。新聞がこの話を取りあげ、奇跡の犬ボビーは一躍有名になった。一家は何百通もの手紙、いくつかの市の鍵(訳註:一種の名誉市民章)、メダル、宝石をちりばめた首輪、犬用サイズの別荘を贈られた。ボビーに会うために、ポートランド建築展示会には四万人以上が訪れた。ボビーの物語はのちに本になり、続いて作られた無声映画『コール・オブ・ザ・ウェスト』ではボビーが自分自身を演じた。ボビーが死ぬと、ポートランド市長が追悼演説を行ない、リンチンチン(訳註:映画スターになったジャーマン・シェパード犬)が墓に花輪を捧げた。ボビーの故郷シルバートンの町は、毎年ペット・パレードを行なうようになり、八十年以上がたった今でも続いている。

次は八歳のトラ猫、ニンジャのケースだ。ニンジャの飼い主一家は、一九九六年にユタ州からワシントン州に引っ越した。シアトルの新居で初めて外に出されたとき、ニンジャは塀を飛び越えて、そのままいなくなってしまった。そして一年以上たって、同じ性格で同じ変な鳴き声を出す、まったく同じような外見の猫が、ユタの元の家に現れた。その猫を見つけた近所の人によれば「戦火をくぐり抜けてきた」ようだったという。偶然の一致だろうか？ それともニンジャは一三五〇キロ歩いて、前の家に戻ったのだろうか？ この話には十分信憑性があり、イギリスで家族が引っ越したあと一五〇キロ以上を戻った――すぐ翌日ではないが――猫のスーティーと共に、テレビ番組の『ネイチャー』が取りあげている。

ある種の野生動物には同じ本能があるようだ。一九七〇年代、アメリカ国立公園局は、ヨセミテで問題行動を起こしたクロクマを数百頭、移動放獣した。ところが麻酔をかけ、ヘリコプターでどんなに遠く運んでも、クマはしぶとく昔の生息地に出没し続けた。パークレンジャーは移動放獣をあきらめ、代わりに嫌悪条件づけプログラムを行なうようになった。北アメリカ東部原産の魚コクチバスは、同じ水系の中で住み慣れた支流から遠く離れた場所に放流されても、お気に入りの淵に戻ることがわかっている。カタツムリでさえ帰り道を見つけることができる。イギリスの庭にいる典型的な種は、一〇〇メートル以上移動させなければ元の場所に戻ってきて、またレタスを食べてしまう。

しかし鳥は、長距離を飛び、途中で方向を感知する能力を持つため、見知らぬ土地から帰還することに特に秀でている。ロックリーのマンクスミズナギドリは一つの例にすぎない。小さな鳴禽類にもそれができるのだ。ある研究グループが南カリフォルニアでミヤマシトドを何羽か捕獲し、ルイジアナ州に運んだところ、翌年には多くがカリフォルニア州のまったく同じ越冬地に戻った。研究者たちはミヤマシトドをカリフォルニア州からメリーランド州に空輸したが、これも帰ってきた。科学者たちは負けじとばかりに別の一群を、韓国のソウルに運んだ。南カリフォルニアから太平洋を隔てて九〇〇〇キロ以上の距離があり、それまでミヤマシトドの存在が記録されたことがない土地だ。その集団が故郷にたどり着くことはなかった——キムチが気に入ってしまったか、もっと可能性が高いのが、何らかの生理学的限界についに達してしまったかだ。

帰巣能力と鳩レース

ハトはこの能力でもっともよく知られており、その理由の一つが鳩レースだ。普通の鳩レースは一五〇から三〇〇キロほどの距離だが、公式レースにはもっと長いものもある。中国では、ハトに約二〇〇〇キロの飛行を強いるレースがあり（もっともこの距離は、ハトにとって楽しみではなく生死を賭けたものになるため、この種のイベントは倫理的に疑問視されている）、さらに遠い三〇〇〇キロを超える旅をして帰還に成功したハトの逸話もある。巣から遠く離れたところで放り出されるまで、往路についての情報を鳥が持っていないことを考えると、こうした方向感覚のなせる技は驚異的なものだ。

鳥の帰巣能力は明らかに不可解であり、そのため研究者や心理学者は長年、何やら第六感のようなものが関係しているのではないかと考えてきた。一八九八年、フランスで軍用伝書鳩を担当する専門家だったルノー大尉という人物は、これを方向感覚——視覚、聴覚、嗅覚、触覚、味覚とは別の——と呼び、内耳にある管の中のある器官に由来するとした。さらに近年になって、テレパシーや水晶や中国医学に関する興味深い研究で知られ、何かと物議を醸す生物学者ルパート・シェルドレイクは、鳥やその他の動物には「既成の科学には今のところ認識されていない方向感覚が存在」すると述べた。シェルドレイクは科学と信仰の境界で動いている――『ネイチャー』誌はその最初の本を「焚書に値する本」と呼んだ――が、ベストセラー作家である彼は、自分が無機質な科学に不信感を抱いているのは、子どものころに何年も伝書鳩を飼っていたからだと言う。シェルドレイクが家から遠く離れた場所へ自転車でハトを連れて行って放すと、いつもハトのほうが先に家に帰っていた。どうしてそうなるのか、科学者は説明できなかった。その後も、シェルドレイクはハトが抱かせた疑問を問い続け、科学者は今も答えを求めている。

ルノーやシェルドレイクらが鳥の進路決定能力を不可思議に感じる理由はわかりやすい。その方向感覚が魔術のように見えることがあるからだ。しかし実際には、鳥の航法についてはよくわかっている。この二、三十年の研究で、鳥は私たちと同じように、視覚的目標、太陽、星、あるいは嗅覚を元に方角がわかることが明らかになっている。研究が高度になるにつれ、鳥は人間には想像もつかない方法、例えば磁場、偏光、反響定位、可聴下音響などで針路を見つけられることも証明されている。鳥に目隠しをし、鼻孔を覆い、耳をふさぎ、磁気を帯びたかごに入れて巣から遠くに運ぶと、たいていの場合それでも帰り道を見つけることができる。これほど多くの技術を自在に使えるため、問題は鳥はどのように針路を見つけるのかではなく、（まれなケースとして）不覚にも迷子になってしまうのはなぜかということになる。そう、やっかいもののハトからわかることがたくさんあるのだ。

ハトは、ニワトリよりも早く、遅くとも五千年前にメソポタミア付近で初めて家畜化された。紀元前一〇〇〇年には、エジプト人は伝書鳩を訓練していたらしく、世界の有力者の中には、チンギス・ハンやユリウス・カエサルをはじめ、ハトを長距離通信に利用していた者もいた。

一時期、伝書鳩は軍事作戦での利用でもっとも注目されていた。一八一五年にナポレオンがワーテルローの戦いに敗れたとき、伝書鳩が迅速にその知らせを、現在のベルギーからイギリス海峡を越えて、ロスチャイルド金融帝国のネイサン・メイヤー・ロスチャイルドのもとへ届けた。彼はおそらくこの知らせをイギリスで最初に聞いた人物だ。機転の利くロスチャイルドは、いち早く知ったナポレオン最後の戦役の結果を元に、金融上の重大な決断をいくつか下し、相当な財をなした。

一八七一年、普仏戦争での四カ月にわたるパリ包囲のさなか、フランス軍は熱気球を使って伝書鳩を敵陣の後方に輸送し、一度に数百枚のメモを記録できるマイクロフィルムを伝書鳩につけた。ハトは一〇〇万を超える伝言を、はるかロンドンなどからパリへと運んだ。

第一次世界大戦中には五〇万羽のハトが連合軍によって使用されたと、歴史学者は推定している。アメリカ陸軍信号隊は数千羽を使用し、その中にシェール・アミという名のハトがいた。一九一八年、シェール・アミは胸を撃ち抜かれ、片目を失い、脚を砕かれながら通信文を運び、二〇〇名のアメリカ兵を救った。この英雄的なハトは、その貢献によりフランスのクロワ・ド・ゲール勲章（戦功章）を授けられた。シェール・アミは引退後の一九一九年にアメリカで死に、剥製となってスミソニアン博物館に展示されている。第二次世界大戦中には、イギリス軍だけで約二五万羽の伝書鳩を運用した。無線はすでに普及していたが、無線封鎖が要求される状況では、ハトはうってつけだった。軍鳩（ぐんきゅう）計画はやがて一九五〇年代に解体された。

一方で民間スポーツとしての鳩レースは十九世紀初め、ベルギーで始まった。愛好家がスピードと耐久力に注目しだしたころだ。ここから鳩レースという趣味が全世界に広まった。一八八〇年代に「ゴム付票」という帰還時間を計測する仕組みが発明されると、ブリーダーは自分の鳥を、他の鳥と地方のレースでしきりに競わせようとした。軍鳩は廃れたが、鳩レースは相変わらず盛んだ。国際大会での賭け金が高騰していることを除けば、初期のころとあまり変わってはいない。

台湾は一国でもっとも多くの大会数を誇り、五〇万人を超える台湾の愛好家が参加する。ベルギーは今も有力チームで、ヨーロッパの大部分で鳩レースは人気がある。アメリカには、たいていの先進国と同じように、独自のレース協会があって、北米全土に数万の登録鳩舎がある。読者がこの本を読んでいるこの瞬間にも、世界のどこかで大会があり、ハトが競いあっているかもしれない。

一般的なレースでは、飼い主が自分のハトを共通のスタート地点に運び、ハトをそれぞれの鳩舎まで飛ばす。だからそれぞれの鳥が飛ぶ距離は、目的地によって異なる。平均速度がもっとも速いハトが勝者となる。最近では「委託鳩舎」レースが盛んになっている。これは若いハトを一箇所に送り、そこで前もって数カ月間、参加者がみんな同じ鳩舎に帰るように訓練する。するとレース当日、通常のマラソンのように群れが一斉にスタートして一斉にゴールする。すべてのハトが同じ訓練を受けるので、このようなレースではハトの素質が試される。

ハトの中には他のハトより持って生まれた才能に優れるものがいる。ドバトは、ペットショップのハトと同じように、方向感覚が劣っているようだ（結婚式や葬儀で飛ばすことがある白いハトは、たいてい専用の伝書鳩だ。訓練していない鳥は混乱し、ぐるぐると輪を描いて飛び、ネコやタカの餌食になってしまう。厳粛な、あるいはめでたい式では見たくない光景だ）。数百もの品種があるイエバトのほとんどは、方向感覚が絶望的だ。たとえば、バーミンガム・ローラーは派手な後方宙返りの技に長けていて、ティップラーは並はずれた持久力を持つ——記録では連続二十二時間、鳩舎のまわりを輪を描いて飛んでいる——が、どちらも方向探知能力自体はあまり高くない。ただ一品種、レーシング・ホーマーだけが本格的なレースに使われる。帰巣はなかば遺伝的なものと考えられるため、ブリーダーは何世代もかけてもっとも優れた個体を選び出す。他の鳥、たとえばロックリーのマンクスミズナギドリにも、やはりその性質はあるが、ハトはそれを利用するために人間が訓練した唯一の鳥だ。餌とねぐらで誘うことができるので、ハトは理想的な研究材料であり、そして驚くべきことをいくつか私たちに教えてくれた。

ハトの情報処理能力

見知らぬ土地からの帰り道を探すために、鳥は脳の中に地図とコンパスに相当するものを持っているにちがいない。鳩舎の座標を知らずに放されても、地図は鳥に今いる場所を教え、コンパスはどの方向に飛べばいいかを示す。

ハトは単に往路を記憶しているだけでないことを確かめるために、研究者は多大な労力を費やしてきた。ある実験では、浄化した空気で満たした密閉容器にハトを入れ、それを磁場を変化させるコイルに挟まれた傾いた回転板に載せ、大きな音と強烈な閃光にさらしながら輸送した。こうすると鳥は、目隠しされてタクシーに乗せられた人間が、途中で何回曲がったかを覚えるようにして、外界の手がかりを得られなくなる。別の研究では、ハトは行きの道中麻酔で意識を失わされた。それでもハトは巣にたどり着き、地図とコンパスを体内に持っていることを証明した。

もっとも基本的な地図は視覚だ。鳥はすばらしく目がよく、人間と同じように、目標物を使って進路を決める。ハトは巣の近くでの短い訓練飛行で周囲を覚える。もっと長い飛行では、道路をたどって交差点で九〇度の急旋回をしているのが記録されている。よく知っている土地にいるとき、ハトは周囲の景色を、人間がするように、巨大な地図として使っているのだ。

実に興味深いのは、鳥が見知らぬ土地の上を飛ぶときだ。目印を知らないので、鳥は別の、もっと高度な進路決定方法——体内コンパス——を使わなければならない。人間のコンパスとは違って、鳥は方向を測定するために、いくつかの方法を使う。何かの理由である方法がうまくいかなければ、予備に切り替える。

多くの鳥は太陽で方位を測定する。実験で、飼育下のムクドリに太陽の代わりに動く電灯の光を当てると、ムクドリは電灯の位置に応じて向きを変える。太陽が動くと、鳥は時刻に応じて補正する。やはり屋内の電灯を使って、人工的に異なる日長に慣らされたムクドリは、本物の日光のもとでも向きを変え、間違った方角へ向かう。ハトは太陽を主要なコンパスとして使っているかもしれないが、曇りの日でも巣にたどり着くことができる——つまりほかの、もっと進んだ方位測定技術が動き出すにちがいない。

夜、星を使って航行できる鳥もいる。特定の星座を利用しているのではなく、全天の動きを見ているようだ。プラネタリウムの中に入れると、ホオジロ類（小さな鳴禽の一種）は北極星であれ架空の点であれ、空の回転の中心となる何らかの星にもとづいて自分の位置を知る。多くの鳴禽は夜に渡るので、これは暗くなったあとでどのように進路を決定しているかを説明するのに役立つだろう。ハトは昼行性で、夜はあまり得意でないどころか眠っている。日が沈むと普通は休み、夜明けを待つ。このため、ほとんどの鳩レースは晴天の昼間に行なわれる。しかしハトはたまに宵の口に鳩舎に到着することもあり、必要とあらば暗くなってからも飛ぶことができることを裏付けている。

ハトに目隠しをしても、おそらく別の方向感覚を使って家につくだろう。ハトにすりガラスのメガネをかけさせたある飼い主は、自分の鳥たちが空から目が見えないまま「ぐるぐると回りながら降りて」鳩舎に到着したと描写している。一九七〇年代に行なわれた一連の実験によれば、ハトは（さまざまな脊椎動物や、おそらくそれ以外の動物も同様だが）天空光の直線偏光を感知でき、それにより曇りの日でも太陽の位置を読みとることができる。ただし天空光の重要性については依然はっきりしていない。さらにおもしろいことに、ヨーロッパの研究者が渡りをするコマドリの目を片方ずつ覆ってみたところ、左目を使わなくても航行できるが、右目をふさがれると迷ってしまうことがわかった。コマドリはある種の光磁気受容体を使っており、それは脳の左側（右の眼球との結びつきがより強い）で処理されているのかもしれない。言いかえれば、コマドリは地球の磁場を「見る」ことができるが、それは片目でだけだということだ――ヒトには当てはめようがない奇妙な感覚だ。

ハトやその他の鳥が自然の磁場を旧来のコンパスのように使っているという証拠は数多くある。どうやって磁場を探知しているかは議論の最中だ――おそらく内耳にある重い鉄を含んだ細胞か、目の中の特殊な受容体でだろう――が、飼育下のコマドリは強力な磁化コイルのほうを向くことがわかっており（ただし北と南の区別はつかない）、また別の実験でも同じような感受性が確かめられている。最近、研究者は人工磁場内での身体の向きに応じて活性化する神経群をハトの脳幹に特定した。脳幹は内耳の働きと以前から関連づけられていた。この感覚はやはり、私たちヒトが共有していないものだ。

地図の説明はコンパスよりも難しい。行ったことのない場所の地図を鳥はどのように手に入れるのだろう？ それは座標形を利用しているにちがいない。ハトは地球の磁場の微妙な変動を察知して、世界規模のマス目の中で自分がどこにいるかを知るのかもしれないが、はっきりしたことはわからない。また、最近の実験では別の可能性が提起されている。

ある研究では、磁気受容体と嗅覚を脳内で結びつける神経が特定された。磁気にかかわる神経を遮断されても、ハトは問題なく巣に到着した。ところが匂いに関係する神経を切られると、ハトは道に迷った。こうしたハトは周囲の「嗅覚地図」を使って、文字どおり鼻のあとを追って（訳註：「一直線に」という意味の慣用句）巣についたのだろう。鳥の嗅覚はあまり強くないと一般には言われているが、この観念は変わりつつある。海鳥は特に、匂いだけで自分の巣穴を見つけ、つがいの相手まで識別することが現在知られている。また別の鳥、たとえばハゲワシは空中の粒子にわずかな濃度でも気づくことができる。ハトがちょうどイヌのように、進路をかぎ分けられるというのはありえることだ。

二〇一一年、イタリアの別の研究グループが、ハトは進路の決定にあたって、片側の鼻孔にもう一方より大きく依存しているのではないかという着想を検証し、さらに一歩前進した。彼らは三一羽のハトの左右どちらかの鼻孔にゴム栓をはめ、背中にＧＰＳタグをつけて、小屋から約四二キロ離れたところで放した。右の鼻孔をふさがれたハトは、帰り道で有意に遠回りのルートをとった。嗅覚情報はハトの脳の左半球（右の鼻孔とより強い結びつきを持つ）で処理されるので、鳥が匂いを進路決定に利用しているとしたら、鼻の右側が重要だというのはつじつまが合う。この関係も鳥だけのものではない。ヒトは一般に左の鼻孔のほうが匂いに敏感だが、右の鼻孔から吸い込んだときのほうが匂いを心地よく感じる。スワラ・ヨガの呼吸訓練では、右の鼻孔は熱い太陽、左は冷たい月と考えられている。これがハトに当てはまるかどうかの判断は読者に任せるが、二つの鼻の穴には目に見える違いが確かにあるようだ。

最新の研究では、ハトが可聴下音、つまり海や気流が起こす低周波音を感知して、それに応じて方向を定めていることもわかっている。こうした人間が聞こえる範囲より低い音波（地震やクジラの歌の周波数に近い）は波長が非常に長いため、地中を通り抜けて、時には数百キロも伝わる。それは大気の状態によっても変わり、日によってより遠くまで届くこともある。一九九〇年代にある地質学者が、コンコルドの衝撃波が鳩レースの邪魔をしていると考えた。コンコルドが飛んでいる晴天の日に、迷うハトが多いらしいからだ。それが確かめられることはなかったが、ありえないことではない。二〇一三年のニューヨーク州での研究から、伝書鳩は鳩舎からの可聴下音が、放された場所に届かない日には迷うことがわかった。言いかえると、ハトが巣に帰るには、巣の音が聞こえることが必要なのだ。

ハトが迷子になる理由

私たちは、ハトが無感動でかたくなな、かなり鈍い生き物であり、何か謎めいた形で生まれつき能力を組み込まれていると考えがちだ。だが私たちは、ハトの知性に十分な評価を与えていないのかもしれない。鳥は空飛ぶ機械ではない。それぞれに個性があり、個々の遺伝的特徴と経歴により、他の鳥とは違う判断を下す傾向がある。いずれか一つの方法に頼るのではなく、ハトはすべての手段を——目印、太陽、星、偏光、磁場、匂い、可聴下音、その他役に立ちそうなものは何でも——思うままに使って、飼い主にくり返し放り出されても力を振りしぼって巣に帰る。ハトのもっともすごいところは、情報の処理方法だ。それは知性の定義にかなり近いものだ。しかし彼らも決して間違わないわけではない。

ハトは地図上のあらゆる地点から巣に帰る能力があることで知られているが、いくつか例外がある——何らかの理由で鳥を混乱させると思われる地形のところだ。ニューヨーク州のジャージー・ヒルと呼ばれる場所は、一九八〇年代のコーネル大学による鳥類学実験で、ハトの事故多発地点として有名になった。ある者は、そこが磁場の異常地帯で、ハトの磁気感覚を狂わせるのだと考えた。最近になって、研究者はこの地域の可聴下音を調査し、ジャージー・ヒルが音の影、つまり鳩舎からの低周波音が届かない静かな場所にあるという結論に至った。イングランド東部のある地点は、多数のハトがレース中に消えたことから、愛好家のあいだで「バードミューダ・トライアングル」として知られるようになっているが、ジャージー・ヒルのように徹底的な調査は行なわれていない。近くにある英国空軍の人工衛星基地からの信号がハトの航法装置を妨害するともいわれるが、今のところハトが電波信号を感知できるという証拠はない。ハトにとって、ある地域で方向感知が難しくなることが確かにあるようだ。

レース鳩の最優秀「迷子大賞」は、おそらくフーディニに与えられるだろう。フーディニはイギリスで行なわれた二二四マイルレースの最中に姿を消し、五週間後、大西洋を隔てて八四〇〇キロ離れたパナマシティーの屋上に元気な姿を現した。フーディニはパナマ運河へ向かう船に便乗したのだと考えられた。「パナマがどこにあるかも知らなかった」と、フーディニの飼い主は語ったとされる。

さらに異様なことが、一九九八年のある運命の日に起きた。二二〇〇羽を超えるハトが、同じ朝にバージニアとペンシルベニアで開催された別々のレースの最中、忽然と姿を消したのだ。一つのレースでは一八〇〇羽中一六〇〇羽が行方不明となり、もう一方では七〇〇羽中六〇〇羽がゴールすることがなく、損失率は八五パーセントにのぼった。この話題は全国的なニュースになった。鳥がどこへ行ったのか誰もわからず、論理的に説明できる者もいなかった。天候は穏やかだった。ハヤブサに捕まったり、送電線に首を切られたりして、一五〇マイルレースのあいだに何羽かいなくなるのは普通のことだが、死傷率はたいてい五パーセント未満だ。これほどの集団失踪はほとんど前例がない。主催者は頭を抱えるしかなかった。消えた鳥は一羽として見つからなかった。

新しい技術はこの謎に対して、少なくとも手がかりを与えてくれるかもしれない。ミニチュアのバックパックに入れてハトに装着するように開発された極小GPSタグは、その移動経路を精密に記録し、ハトが空中で階層的な序列を維持していることを示した。ハトはかなり社会性があり、放されるとたいていは密集した群れを作って一緒に鳩舎へ戻っていく。他のハトの決定についていく傾向を持つものもいるので、結果的には鶏小屋のニワトリのように、数羽のリーダーが群れを導いていくことになる。社会相互作用は、経験の少ない鳥が年長の鳥から学ぶのに役立つのだろう。この現象は帰巣行動の生物学を説明しようとする科学者が、ほとんど無視しているものだ。この序列は普通は優れた制度だが、完全ではない。消えたハトの事例では、たぶん数羽のリーダーが――可聴下音か磁気の異常か何かで――混乱して、多数のハトは地平線の果てまでついていってしまい、戻ってこなかったのだろう。

こうした本能的な技術があっても、伝書鳩が迷わないためには徹底した訓練が必要だ。飼い主は一般にハトを小屋の周囲で放して、付近一帯の感覚を掴ませることから始める。それから訓練飛行を重ね、巣の近くから始めて少しずつ距離を延ばしていく。それは魔法ではない。ハトには生まれつきの能力がある程度あるが、それでも成果を上げるためには、人間の選手と同じように、調整が必要なのだ。

このトレーニングは、世界最大の委託鳩舎大会、南アフリカ一〇〇万ドル鳩レースで前面に押し出されている。毎年一月、多くのハト愛好家が、飼っているハトの方向感覚——と、かなり高額な賭け金——を世に知らしめるため、ヨハネスブルグのきらびやかなエンペラーズ・パレス・リゾートに集結する。

一〇〇万ドルレースが行なわれる年に一度の週末のあいだ、ハトは本当のセレブになり、それに見合った取り巻きに囲まれる。エリザベス女王とマイク・タイソンは共にハトをレースに参加させている(タイソンは、ボクシングをやめたあと、ハトを飼うことが正気を保つのに役立ったと語ったことがあり、自身と鳩レースをあつかったリアリティ番組「アニマル・プラネット」にも出演している)。呼び物の一つが、とんでもなく高い賭け金だ。ブリーダーは賞金一三〇万ドル獲得のチャンスのために一律一〇〇〇ドルの参加費を支払う。そして、ルベロス、イースト・オブ・エデン、フォー・スターズ・ドリームといった名前の勝者は、続いてオークションにかけられ、種鳩として相当な値で取り引きされる。二〇〇八年には、特に身体能力の高いバーディという名のハトが一〇万二〇〇〇ドルで売られた。

レース自体は単純明快だ。リゾートから約五五〇キロ離れたところに停めたトラックから、三五〇〇羽を超えるハトが一斉に放たれる。リゾートに最初に戻ってきたハトが優勝だ。ハトには、ゴールの時間を記録するために、マラソンランナーが着けているのと同じような電子チップが装着されている。もっとも速い鳥は、気象条件にもよるが、普通八時間から十時間でゴールし、そのあいだ数万の観客は、屋内競技場に設置した数台の大型スクリーンで生中継を観る。

その起源であるサン・インターナショナルのサン・シティ・リゾート——南アフリカ北部の超高級カジノ——から、現在行なわれているエンペラーズ・パレス、加えて訓練飛行への賞品の車、派手なオークションまで、このレースに関係するものは何もかも度はずれている。このイベントは間違いなく、精神力や経済力に余裕のない者には向いていない。一流の鳩レースは、高級車よりも高価なハトが買える。中国の有力者と北ヨーロッパの愛好家にだんだん侵食され、古くからのブリーダーは不満を漏らしている。トップレベルでは、このスポーツは数字——ドルと秒——がすべてであり、一〇〇万ドルレースの大量のプレス・リリースと報道を成り立たせている際限のないランキング表にとらわれやすい。しかし魔力はそれだけではない。鳩レースはわかりやすく、地図とコンパスをいつも持ち歩いているような鳥を不思議に思ったことは、誰にでもあるからだ。

レースの主催者は訓練を重視している。メイン・イベントはたいていのレースより距離が長いので、その最中、大事なハトに迷子になってほしくないからだ。ハトは最新式の隔離された設備で飼われ、映画スターのように大切に扱われる。レースの数カ月前には、ハトは二七回のさまざまな訓練飛行に参加して、五〇から三七〇キロまで少しずつ距離をのばしていく。この短めの飛行ごとに何羽かはいなくなるので、飼い主は最高五羽の予備の鳥を交代用に参加させることができる。しかし最高のすみかと訓練を提供されても、小屋から遠く五五〇キロも離れた南アフリカの草原地帯で放り出されると、世界最高クラスのハトの多くがやはり消えてしまう。完璧なハトはいない。一〇〇万ドルレース本番での消耗率は三〇から七〇パーセントのあいだだ。

フィールズの迷い鳩の飼い主はマーティーといい、見つけたところから一八〇キロ離れたアイダホ州ナンパに住んでいた。私は彼の電話番号を調べ、電話をかけた。

「ああ、そうそう」彼は覚えていた。「うちでも特にいいハトですよ。きれいなまだら模様のね」。四十四歳のマーティーは、昼間はプレハブ住宅を組み立てる仕事をして、余暇に鳩レースを楽しんでいた。始めたきっかけは父親の手ほどきで、その父親は裏庭の小屋に八〇から一〇〇羽のハトを飼っている。親子はハトの訓練やレースでほとんど毎週末一緒だ。二人にはアイダホのクラブに二〇人のライバルがいて、毎年春と秋の六回の公式大会にハトを出場させて互いに競い合っている。

件のハト、ナンバー1961（マーティーは脚輪の番号以外でハトを呼ばなかった）は、訓練のために他の一五〇羽とネバダ州オワイイーで四月七日に放された。数日後に控えたその地域でのレースに備えるためだ。ハトは北へ一八〇キロ飛んでアイダホ州ナンパのマーティーの鳩舎に到着するはずだったが、どうしたわけか一週間後、二一〇キロ西にあるオレゴン州フィールズに行ってしまった。マーティーの三〇羽を含むその日放たれたハトの中で、家に着かなかったのはそのハトだけだった。

どうして迷ったのか、マーティーにはわからなかった。何しろそのハトの両親は、マーティーの種鳩の中でも最高だったからだ。たぶんタカに脅えて（彼の裏庭に巣を造っていたアカオノスリのつがいが、そのころハトをひどく脅えさせていた。もっともノスリにハトを追いかけるそぶりはなかったのだが）集団からはぐれ、コースをそれてしまったのだろう。マーティーは前年にナンバー１９６１を、他の四八羽のひなと一緒に育てた。その真価はすでに数度の公式レースで証明されていた。中でももっとも長距離のものは、ナンパの鳩舎から西へ約四四〇キロ離れたオレゴン州フードゥー付近が起点だった。ハトの中には年に五、六回レースに出場できるものがおり、このハトも将来有望のはずだった。

「ハトが行方不明になるなんてめったにあることじゃない」とマーティーは私に語った。年に二、三度、自分のハトが違う鳩舎に行ってしまう――別の飼い主の元へ戻るハトを追って――ことはあり、その際には友人からマーティーに電話がかかってくる。二、三年に一度だけ、本当に迷子になったハトのことで電話がある。レースシーズンには一日おきに訓練飛行をしていることを考えると、マーティーのハトはかなり優秀だ。マーティーのハトは普通、一気にまっすぐ巣に帰ってくるが、何週間かあとになってつくものも何羽かいる。だからこのハトも自分の居場所がわかっていたのかもしれない。

ハトがどのように帰り道を見つけるのかを尋ねても、マーティーは磁場や特殊なニューロンの話はしなかった。毎日一、二時間、何十年も群れを世話するうちに、マーティーはハトの一羽一羽を見るようになっていた。「ハトは本当に頭がいいんだ」マーティーはあっさりと言った。「人間は気づいていないけれど、この鳥はとても知能が高いんだよ」。

ムクドリの群れの不思議

二〇一一年の十一月初め、私の受信ファイルは友人、親戚、ちょっとした知り合いからのEメールであふれた。いずれも「Murmuration（ざわめき）」というタイトルがついたインターネット上の二分間のビデオクリップにリンクされていた。何が出てくるのかわからないまま、私はリンクをクリックした。冒頭の二十秒間、ビデオにはアイルランドの湿っぽい夕方にカヌーを漕ぐ、二人の若い女性が映っていた。ボートの上で互いに撮影しあっている手ぶれした映像だ。何が言いたいんだという気分にだんだんなってくる。すると二十三秒のところで、画面が急に上を向き、ズームアウトする。ニューエイジ音楽が徐々に消え、カメラの露出が調節されると、アイルランドの夕空が鳥で満ちているのが見て取れる——たくさんの鳥が、考えられないほど秩序だったパターンで地平線の端から端まで続くシルエットとなって、雲を覆い隠すほど群れている。それからの八十一秒間、鳥は襲われた小魚の群れのように膨れあがったり平たくなったり、複雑な編隊飛行を見せる。頭上を低くかすめ飛ぶときに立てるシューッという音さえ聞こえる。そして鳥は飛び去り、動画は終わった。

二人の女性、映画科学生のソフィー・ウィンザー・クライブとリバティー・スミスは、カヌー旅行を思いついたとき、ロンドン・カレッジ・オブ・コミュニケーションの卒業制作に取り組んでいた。自分たちが行こうとしている小さな島の遺跡がある一帯を、ホシムクドリの大群がいつもねぐらとしていることなど、二人は知りもしなかった。即興で作ったムクドリの動画を二人がネットに上げたとき、初めのうちはほとんど誰も気づかなかった――最初の一週間の再生回数は、一日平均一〇回だった。その後『ハフィントン・ポスト』がリンクすると、この動画は急に知れわたり、二十四時間で一〇五万回再生された。それからの二、三カ月で、一〇〇〇万を超える人々がこれを観ることになる。

ムクドリの群れ（詩的表現では「ざわめき〈マーマレーション〉」と呼ばれる。カラスの群れを「殺人〈マーダー〉」、フクロウのものを「議会〈パーラメント〉」と呼ぶのと同じようなものだ）を見たことのある人なら、注意力散漫なネットサーファーが、これほどたくさんこの動画に惹かれた理由がわかるだろう。ムクドリは夜になると集まる習性を持ち、夏の終わりにはその数が数十万羽にのぼることがある。夕方、眠りにつく直前、ムクドリはねぐらの上空を集団で、時には一時間以上にわたり巡回する。これほど密集し、統制の取れた群れを作る鳥は世界でもまれだ。なぜムクドリがこのようなことをするのかは、まだはっきりしない。眠りに落ちる前に余分なエネルギーを燃焼させているのだろうか？　入ってきたはぐれ者を案内しているのだろうか？　捕食者を警戒しているのか？　しかし、これが壮大な光景であることに異論はない。この曲芸飛行は目に見えない竜巻に捕らえられた濃い煙にも似ている。鳥たちはこんなにもめまぐるしく変わる編隊の中にどのようにしてとどまっているのか、どのようにしてぶつかり合わずにいられるのか、不思議に思わずにはいられない。

その美しさだけを取っても刺激的だ。ユナボマー（訳注：一九七八年～九五年にかけて、大学や航空会社に爆発物を送りつけた犯人）ことテッド・カジンスキーの小屋をきわめて芸術的な写真にしたことで有名な、ニューヨークを拠点とする写真家リチャード・バーンズは、ローマ上空を飛ぶムクドリの群れを白黒で捉えた魅力的な作品群を二〇〇五年に発表した。彼の写真は都会の地平線を背景に、細心の注意を払って構成されている。あるものはただ美しく、またあるものは禍々(まがまが)しいヒッチコック映画風だが、すべてどこか惹きつけられるものがある（後者は特に）。バーンズの映像に関する論説で、作家のジョナサン・ローゼンはこのように述べている。「ムクドリが魅力的な理由の一つは、空中に何かの言葉を書いているかのように見えることだ。それが人間には読めないにせよ」。

「集団行動」と「創発」

ムクドリの群れはたしかに躍動して見える、複雑に振り付けられた生命の本質そのもの、理解を拒む力だ。いかにして数十万羽の鳥が、互いに数センチしか離れていない中で時速五〇キロで飛び回れ、絶えず方向を変えながら群れのまとまりを維持できるのか？　考えれば考えるほど呆然とさせられる。

科学者はこれを「集団行動」と呼ぶ。本質的には、群れとしてふるまう個体の集まりのことだ。この場合、行動とは自己組織化であり、これがあるからムクドリは興味深い。なぜなら森羅万象の多くは無秩序へ向かう傾向にあるからだ。コップが床に落ちて割れたら、破片がひとりでに片づくことはない。理論と経験から、ムクドリの集団は何らかの外部の力、熱力学第二法則――物理系は無秩序へと向かう傾向を持つ――に対抗する力に支配されているにちがいないと思われるかもしれない。

しかし個体が集団としてふるまうとき、奇妙なことが起きる場合がある。それ以外に自己組織化の例として雪の結晶、人間の経済、インターネット、さらには私たちが知る生命の進化などがある。いくつもの科学論文、学位論文、書籍が同じ概念を言語発達や交通渋滞などさまざまな主題に組み込もうとしてきた。組織は小さい個別の決定を下す多数の個体から発生することがある。一種の「下から」の方法であり、一般に秩序の強制から連想される「上から」の手法とは反対のものだ。ムクドリの群れは見かけより自発的なのだ。

一九九九年に経済学者のジェフリー・ゴールドスタインは、この考えをもう一歩進めた。複雑なシステムを単純な相互作用からのみ形成する属性である「創発」を定義しようとしていたときのことだ。創発はシロアリの巣、ハリケーン、芸術、ロックコンサート、金融市場、宗教などに当てはまる。これらのシステムは広く多彩な領域にわたるが、総合的に考えられるほど類似した性格を共有しているとゴールドスタインは考える。彼は創発を「複雑系における自己組織化の過程で、一貫した構造、パターン、属性が新しく発生すること」と定義した。ムクドリの群れは、虚空から集まってくるもので、この定義にぴったり当てはまる。

創発はこの十年、最先端のキャッチフレーズになっている（人気作家のスティーブン・ジョンソンは、これについて『創発――蟻・脳・都市・ソフトウェアの自己組織化ネットワーク』という本を書いた）が、それが必ずしも役に立つとみんながみんな考えているわけではない。この考えをもっとも激しく批判している一人が、生物学者のピーター・コーニングだ。コーニングは『コンプレクシティ（複雑性）』誌に発表した論文で、創発をとらえどころがなく、あいまいで「理論なき古くさい概念」と呼んだ。コーニングの指摘では、チェスのゲームは創発システムとして考えられる。なぜなら複雑なゲームがいくつかの単純なルールから成り立っているからだ。しかしルールは何ものも発生させない。それは関係を述べるだけだ。チェスは、混沌とした世界に射す一筋の理論のように、自発的に組織化されているように見えるかもしれないが、それはそこにエネルギーを注いでいる二人のプレーヤーが作用しているからにすぎない。ルールを知っていても、ゲームの結果を予測するのには役立たない。

群れの中で衝突を避けるために、ムクドリが物理法則に従わなければならないのは言うまでもない。しかし鳥は、何かより大きな力の作用を受けているチェスの駒なのだろうか？　それとも群れ行動は内側から発生するものなのだろうか？　ルールがわかれば、アイルランドの夕暮れに数十万羽の鳥が渦を巻き、思わず見とれるような乱舞をすることを予測できるのだろうか？

ボイドプログラムと鳥の群れ

一九七〇年、英国の数学者ジョン・コンウェイは単純な知的訓練を考案し、それをライフゲームと呼んだ。限界のない格子のマス目のいくつかを埋めるところからゲームが始まる。そこから、環境に応じて、それぞれのマス目は世代を経るごとに生きたり死んだりする。

コンウェイはただ二つのルールを設定した。埋まっているマス目に隣りあうマス目が（斜め方向も含め隣接する八マスのうち）二つまたは三つ埋まっていれば、それは占有状態を維持する。そうでなければ死ぬ。埋まっていないマス目にちょうど三マスの隣人がいれば、そこは自動的に埋まる。

コンウェイの「ゲーム」が非常におもしろいことに人々はすぐ気づいた。それは人口を模倣している。それはきわめて複雑なパターンを生み出す。自分の親を殺す自己増殖する構造を作ることができる。理論上は、現代のコンピューターで可能ないかなるアルゴリズム的計算も、一つの格子で行なうことができる。二次元の細胞という意味で、ライフゲームは現実の生命と興味深く対応しており、しかも驚くほど単純だ。無限の碁盤の上での始まりのパターンによって、まったく違った結果が起こりうる。ある集団は何世代も重ねた末に死に絶え、またあるものは急増するが、ほとんどはやがて一定の平衡状態で安定する。わずかな調整が大きく影響する。隣接する五つのマス目をあるやり方で埋めると、やがて一一六の集団に増大し、一一〇三世代後に安定する。しかし最初のマス目を二、三個動かすと、永久に静止している。またつついてみると、それは一体化したグライダーとなり、碁盤を横断して無限の宇宙へ飛び出す。

ライフゲームは自生的秩序を生みだしているように見える。タイルを無作為に碁盤の上にばらまくと、単純なルールに従うだけで、複雑な模様を見事に描く。無秩序に陥ることなく、個々の細胞が全体的な計画なしに、複雑な構造をみずから組織できることをライフゲームは証明している。

コンウェイのゲームと同時期に、数千世代を短時間で処理できるマイクロコンピューターが発達したことは幸いした。コンピューターの能力が上がるにつれて、さらに複雑な集団をモデリングする見込みも高まった——たとえばムクドリの群れのような。

鳥の群れの初めてのコンピューター・モデルは、一九八六年にカリフォルニアのコンピューター・グラフィックの専門家、クレイグ・レイノルズが開発した。レイノルズは一九八一年の映画『ルッカー』の技術アシスタントで、ディズニーの一九八二年の映画『トロン』ではシーン・プログラマーを務めた。彼は動物の群れを本物そっくりに描くという難問に手を焼いていた。しばらく手間取った末、レイノルズは、コンウェイのライフゲームと同じ原理を使って群れをシミュレートできることを発見した。リーダーを決めてそれに他を従わせる代わりに、レイノルズは二、三の単純な基本原則を設定し、あとは群れが独りでに形成されるに任せることにした。

そうしてできたのがボイド（ステレオタイプなブルックリンなまりでは、鳥(バード)をこのように発音する）という、驚くほど複雑な結果を生む単純なプログラムだ。レイノルズは、小さな三角形で表示される個々のボイド生物のグラフィック画像を創り出し、それに次のような規則を課した。（1）接近した場合に衝突を避ける。（2）隣接するものとだいたい同じ方向に向かう。（3）集団から離れないようにする。この三つの規則──分離・整列・結合──だけで、まさに生きているようなボイドの群れが生まれ、レイノルズのコンピューター画面の中を、空を飛ぶ本物のムクドリの集団さながらに飛び回った。

レイノルズは自分のモデルに一つ障害物を与え、ボイドがよどみなく分かれてそれを回避し、向こう側で再び合流する様子を憑かれたように観察した。自分でも信じられないほど、そのシミュレーションはリアルだった──映画用として言うことなしだ。この新エフェクトのお披露目となった映画は一九九二年のティム・バートン監督作品『バットマンリターンズ』で、コウモリの群れとゴッサム・シティを行進するペンギンが見せ場になっていた。ボイドとその後継の開発で行動アニメーションへの貢献が認められ、のちにレイノルズは一九九八年度アカデミー科学技術賞を受賞することになる。

ボイドが影響をおよぼすものは映画だけにとどまらない。このプログラムは単純な意志決定規則を使って、自然界のものと同様の結果を生み出したために、人工生命の進歩として歓迎され、続く人工知能創造の試みへと道を開いた。このモデルでもっともすばらしいことの一つは、予測不能であるところだ。明快な規則に従っているにもかかわらず、一定の進路をプログラムすることなしには、二、三秒以上前にボイドの群れの軌道を予測することは不可能だ。ボイドはプレイヤーのいないチェスの駒のようにふるまうのだ。

何世紀にもわたる綿密な研究により、分子は一般に物理法則に縛られることがわかっている。私たちはたとえば、ある条件のもとで気体がどのようにふるまうかを予測することができる。しかし気体分子はでたらめに衝突する以外、互いに作用することがない。もしそれらが互いの行動に影響を受けて動くとしたら、たちまちきわめて複雑なことになる。世界一高性能なコンピューターでも、互いの重力場の中にある三つの天体の長期的な軌道を、常に予測できるとは限らない。たとえ初速度と方向が正確に測定されていてもだ。天気もほんの数日先しか予測できない——影響しあう要素があまりに多すぎるのだ。

それでもボイドは、その予測不能性を、単純化されたデジタル環境で明快に再現するのだ。このプログラムは現実世界を模倣しているようだったが、どのモデルが現実にもっともよく当てはまるかを科学者が判断するには、本物の群れのデータが必要だった。残念ながら当時、生きたムクドリの群れのデータを収集することはできなかった。夕空を一斉にぐるぐると飛び回る何万という鳥の位置、速度、軌道をどうすれば正確に測定できるのか、誰にもわからなかったのだ。大きな躍進が求められていた。それはやがて、生物学界ではなく物理学界から現れた。

ホークアイとムクドリ

二〇〇四年の全米オープン準々決勝第三セット。天才テニスプレーヤー、セリーナ・ウィリアムズは、ジェニファー・カプリアティに対して激しいバックハンドで戦端を開いた。線審は有効と判定した。ところが最終的な権限を持つ主審は、ボールがアウトに落ちたと考え、コールをオーバールールした。ウィリアムズは頭に血がのぼり、試合を落とした。あとでスローモーションの映像を見ると、ウィリアムズは不当に得点を失っており、また同じセットで少なくとも二つのボールに、間違って不利なコールが行なわれていた。大会主催者は謝罪し、主審を解任したが、怒りに燃える選手とファンの抗議の声を抑えるには遅すぎた。大衆は改革を求めた。NBCの世論調査に回答した三万人近くのうち、八二パーセントが映像の即時再生の利用を支持した。

テニスのような伝統のあるスポーツにとって、ビデオによるライン判定は大きな一歩だっただろうが、この技術はすでにあちこちで使われていた。ビデオは一九八〇年代に、アメリカンフットボールの判定に初めて使用された。クリケットとラグビーが二〇〇一年に続き、二〇〇二年にはバスケットボールに登場した。ホッケー、野球、ロデオなど他のスポーツもすぐにビデオ判定を受け入れた。テニス協会はホークアイというシステムをテストしていて、セリーナ・ウィリアムズの疑惑の敗退から一年としないうちに、即時再生はプロのトーナメントで認められた。

ホークアイは立体三角測量を利用している。ある意味で、視覚そのものと同じくらい古い技術だ。人間に奥行き知覚があるのは両眼視のおかげだ。一部が重なる少しずつずれた両目からの映像を、脳がまとめて一つの三次元の画像にする。ビューマスターや3D映画は、少しずつ違う角度から同時に撮影した映像を見せることで、この効果を強調している。人間の脳は見え方の違うものを問題なく並べられるが、同じことができるようにコンピューターをプログラミングするのは容易ではない。ホークアイはテニスコートのまわりに設置した一〇台の別々のカメラで撮影し、それを一つのモデルに融合する。それは、どの画素が時速一五〇キロ以上で飛んでいるテニスボールを表すかを決定し、コート上の線との相対位置でどこに着地するかを予測する。テストではこのシステムの誤差が約一ミリであることが示された。

ホークアイのレンズが、主要なテニス大会のスタンドからまばたきもせず見下ろすようになったのとほぼ同じころ、イタリアの物理学者と統計学者のグループは、毎夕魔法のように姿を現すムクドリの大群——リチャード・バーンズが芸術的に撮ったのと同じもの——に説明をつけようと、ローマの空をにらんでいた。次から次へと生まれるコンピューター・モデルで鳥の群れのシミュレーションが行なわれているものの、そのほとんどは一九八〇年代以来のクレイグ・レイノルズのボイドを少しいじっただけのもので、そうしたモデルを実際の群れの実験で得たデータと比較した者はまだ一人もいないことを、彼らは知っていた。現状でもっとも優れた観察結果は、水槽の中を泳ぐ数十匹の魚から得たもので、自由空間を飛ぶ数千の鳥とはかけ離れていた。

物理学者のアンドレア・カバーニャとイレーネ・ジアルディーナを中心とするイタリアのグループは、困難を認識していた。二〇〇七年、彼らは三台のカメラをマッシモ宮殿のテラスに設置した。四世紀以上前にローマ教皇シクストゥス五世が、ディオクレティアヌス浴場を見下ろす豪奢な邸宅を建てた場所であり、この当時ムクドリの大群が、ここに隣接する駅を好んでねぐらにしていた。五〇メートル間隔で置かれたカメラは、空の同じ範囲に向けられ、ホークアイと同じ立体撮影技術を使って、一秒間に一〇枚の高解像度写真を同時に撮るように設定された。研究者たちは夕方になるとテラスをぶらついて、博物館の警備員をいらいらさせながら、ムクドリの集団がカメラの画角内の空間を舞うたびに写真を撮った。

ムクドリの群れを3Dモデルで捉えることの難しさは、つまるところ「マッチング問題」である。これが長年、群れの研究全体の妨げとなっていた。コンピューターは、ばらばらの視点から撮られた時間差があるさまざまな画像のあいだで、数千の染みのような、重複する個々の鳥を正確に一致させなければならない。イタリアの研究者は二年を費やして、ムクドリの群れの写真を解析して一致させることができるアルゴリズムを開発し、それが「統計物理学、最適化理論、コンピュータービジョン技術」の融合であると述べた。この画期的なプログラムは、最大八〇〇〇羽からなる群れを、九〇パーセント近い正確さで処理することができ、八秒の動画一本の読みとりにかかる時間は二時間以下だ。このプログラムに設置したカメラの画像を入れると、それまで誰もやらなかった定量測定によるムクドリの群れの視覚化ができた。映画『ツイスター』に描かれた、ヘレン・ハントとビル・パクストンの勇敢な（フィクションではあるが）竜巻の観測に匹敵する、現実の知識の飛躍だった。

わかったのは、ムクドリの群れが想像したよりも希薄である――アメフトのボールというよりも薄いパンケーキに似ている――ことだった。パンケーキは多方向に滑っていき、見た目を変えるが、だいたい地面に対して平行のままで、群れの大きさにかかわらず一定の均等な形を保っている。群れの密度は端へ行くほど高い――ムクドリはパンケーキの中心よりも周辺にぎっしり詰め込まれている。そしてムクドリの群れにはリーダーがいない。群れが向きを変えるとき、鳥は同じ半径の経路を飛ぶ。言いかえれば、それぞれのムクドリは同じ速度で同じ曲線を描くのだ。兵士が隊列を組んで行進するとき、転回の外側にいる者は、位置を維持するために速く歩かなければならない。ムクドリは兵隊のような補正をしない。だから群れの前方にいる鳥は左旋回のあとで右側に、右側にいるものは後ろに、後方の鳥は左側になる。こうすることの利益として考えられるのが、先頭にずっといなければならない鳥がいなくなることだ。自転車レースでもそうだが、先頭は空力的にもっとも効率が悪く、もっとも疲れる位置だ。もう一つの利益は、それぞれの鳥が端（タカにさらわれる危険性が高い位置）で過ごす時間が同じになることだ。捕食者から身を守ることは、そもそもムクドリが群れを作る大きな理由なのだろうから、ある鳥がずっと端のほうにいなければならないとしたら集団にとどまる動機がなくなり、取り決めがそっくり崩れ去るかもしれない。

アンドレア・カバーニャらの研究は始まったばかりだった。処理する本格的なデータが手に入ったので、彼らはそもそも群れがどのようにできるのかの解明に取りかかれるようになった。物理学と統計学のさまざまなバックグラウンドを持つため、研究者たちはムクドリを数学的に見ることができた。カバーニャはキャリアのほとんどを泥臭い生物学の分野とはかけ離れた、ガラスと過冷却液体の論理学の研究に費やしてきた。今、彼は考えていた。ムクドリの群れは、素粒子物理学で使われるものと同じ方程式を使って説明できるだろうか？

ムクドリの過ち

私の友人に、ムクドリを目の敵にしている男がいる。この鳥は北アメリカの在来種ではないため、法律で保護されていない。数年前、友人は一帯からムクドリを撲滅することを決心し、自宅の裏庭のムクドリを空気銃で撃ちはじめた。しばらくしてムクドリは勘づき、友人の影が台所の窓に映ると逃げるようになった。そこで友人はガレージにトーチカを造った。クリップボードに挟んで裏庭を見渡す細い銃眼の脇に置いた殺しの得点表を、彼は得意げに私に見せた。#マークが五つずつのグループにきちんと分けられ、日付順に並べてあった。弾丸が翼に当たると、彼は外に飛び出していって、風切り羽根を切り、屋外の大きな鳥小屋に放り込む。それから、どこかへ車で出かけなければならないときには、飛べなくしたムクドリを二、三羽、後部座席の小さなかごに移す。道路ぎわの電柱にタカが止まっているのを見ると、そのたびに友人は不運なムクドリを窓から放り出し、猛禽が舞い降りてきて楽な獲物にありつくのをバックミラーで——嬉々として——眺める。

インターネットで「アメリカで一番嫌われる鳥」を検索すると、トップに表示される結果のすべてがムクドリに言及している。これほど総員の意見が一致することは珍しいが、この件については誰もが同じ考えであるようだ——ムクドリは羽の生えたネズミである。ある春にムクドリのつがいが私の家の軒に巣を造ったとき、私ははしごで登って卵を取り去った。ムクドリが戻ってくることはなかった。

「私たちは、自分の中にあれば賛美するものが、隣人の中にあればしばしば憎悪する」とジョナサン・ローゼンは書いている。これは核心を突いている。ムクドリのたった一つの本当の過ちは、繁栄だ。十九世紀末、ニューヨークのある薬剤師が、新世界を旧世界に準じて美しく作りかえようと、ヨーロッパの鳥を市内に大量に放した。放たれた鳥の大部分、ヨーロッパコマドリ、ズアオアトリ、クロウタドリ、ヒバリなどは新しい環境に適応できず、たちまち死に絶えたが、数十羽のホシムクドリが一八九〇年にニューヨークに放されると、この鳥はゴキブリのようにはびこり、ウサギのように繁殖した。そのわずかな個体は、北米大陸じゅうで見る見るうちに一億二〇〇〇万羽にまで増殖し、ホシムクドリは今日北アメリカで七番目くらいに多い鳥として（鳥類保護団体パートナーズ・イン・フライトによれば、コマツグミ、ユキヒメドリ、ハゴロモガラス、アカメモズモドキ、ノドジロシトド、キヅタアメリカムシクイに次いで）その名を轟かせている。これほど急速に拡散し、あるいは増殖した種はほとんどない――人類を除いて。

ムクドリは、ルリツグミのような樹洞営巣性鳥類の個体数が減少した元凶とされることが多いが、研究によればこれは事実ではないようだ。また、飛行機を墜落させるとも言われているが、ムクドリの群れがアメリカで引き起こした民間航空機の死亡墜落事故は、私の知るかぎりでは一件だけだ（ガン、カモ、サギ、カモメ、ツルのほうがはるかに危険だ）。ムクドリはたしかに作物に害を与えることがあるが、その影響は、毎年数百万ドル相当の穀物を食べているハゴロモガラスやカナダガンに比べれば、大したことはない。やっかいなのはムクドリの糞だ。米国農務省はこのように述べている。「排泄物で歩道が滑りやすくなる危険性がありうる」。二〇〇八年、ニューヨーク市交通局は、地下鉄の駅で鳥の糞で滑った男性に六〇〇万ドルを支払っている――もっともそれはハトの糞で、ムクドリのものではなかった。

たぶん私たちは、もっと時間をかけてムクドリの価値を認識するべきだろう。間近で見れば、ホシムクドリは美しい玉虫色の層を持つ羽毛で覆われ、黒い身体が光線の加減で緑や青に輝く。この鳥は活発で、風変わりな個性を持ち、声帯模写の名人だ。どのムクドリも二〇ほどの他の鳥のまねができる。刷り込み本能が強いので、ひなから育てるといいペットになる。モーツァルトはムクドリを三年間飼い、自分の曲を歌うように教え込んだ。その鳥が死ぬと、モーツァルトは鳥を裏庭に埋め、追悼の詩を作った。

シェークスピアは、一五九〇年代に『ヘンリー四世』第一部を執筆していた際、鳥の歴史を期せずして変えたかもしれない台詞を書いた。「椋鳥(むくどり)に『モーティマー』とだけ教え込」む（第一部　第一幕第三場、松岡和子訳　ちくま文庫）ことをホットスパーという登場人物は提案する。モーティマーが捕虜になっていることをヘンリー王に忘れさせないために、絶えずその名前を繰り返すようにムクドリを調教することをもくろんでいるらしい。三百年後、ニューヨークの奇矯な薬剤師――ユージン・シーフェリンという人物で、アメリカ順化協会会長にして大のシェークスピアびいき――が、この台詞を引用してムクドリをアメリカに移入することを正当化した。俗説によれば、シーフェリンはシェークスピアの戯曲で名前の挙がった鳥を、すべて持ちこもうとしたという。この話の直接証拠は、ひいき目に言ってもあやふやなものだ――こんな目立たないムクドリの記述を（ましてシェークスピア劇に名前が出ている四五種以上の鳥の記述すべてを）見つけるには、この薬剤師はかなり頭が切れなければならないし、またそれにもとづいて一人で行動するには、相当常軌を逸していなければならない――が、シーフェリンがアメリカに、何らかの理由でムクドリを持ち込んだことは間違いない。

そして今、彼らは文字どおり数百万の群れを作っている。二、三万なら普通で、特に大きな群れには一五〇〇万羽のムクドリがいたという記録がある。一五〇〇万！　これほど大きな集団を作る動物はきわめて少ない。比較のために挙げると、わかっている最大のグンタイアリの群れには、約一〇〇〇万匹の個体がいるとされ、これまでで世界最大の単独コンサートの観客数は、ブラジルのリオデジャネイロにあるコパカバーナ海岸で一九九四年に開催されたロッド・スチュワートの公演で、三五〇〇万人を集めた。だがこれらを合計しても、リョコウバトの群れと比べると色あせる。かつてリョコウバトは、一〇億羽を超える集団で飛び回っていたのだ。タイセイヨウニシンの集団は、五立方キロメートルの大きさの群れに数十億匹が含まれていたという記録がある。

だがニシンも、かつてアメリカ西部に分布していたバッタの一種、ロッキートビバッタにはかなわない。このバッタの群れ一つで重さ二七〇〇万トン、そこに一二兆匹がいると推定されたことがある。その大発生は、一八七五年にそれを記録したネブラスカ州の医師の名からアルバート群として知られ、カリフォルニア州と同じ面積を四〇〇メートルの厚さに覆ったとされる。この群れのバッタの数は、ダンプカー一八〇〇台分の砂粒の数、四十万年——ホモ・サピエンスの進化史の全体——の秒数、アメリカの国家債務の額に相当する。もしもムクドリがこの規模の群れを作ったら、その重さは現在生きている人類の二倍となる（悲しいことに、ロッキートビバッタはその約三十年後に絶滅し、現在北アメリカと南極にだけトビバッタがいない。リョコウバトも十億の群れを作ったすぐあとに絶滅している。たぶん気にしたほうがいい）。

それでも、一〇〇万のムクドリは大した見ものだ。わずか一万の群れでも夕空を渦巻いて飛ぶさまには魅了される。そしてムクドリは、集中攻撃を浴びてはいるけれど、一般に個性的で美しい鳥だ。多くの場所で不自然な形で移入されたにしても、ムクドリはもっと敬意を持たれてもいい。

アメリカでは歓迎されざるムクドリの数が急増している一方、ヨーロッパの原産地で、この種は激減している。英国鳥類保護協会は最近、イギリスのムクドリの数が過去三十年で八〇から九〇パーセント減っており、イギリスの農村の鳥では最大の減少だと報告した。理由は誰にもわからない。おそらく近代農法が昆虫を排除したためか、鳥が越冬の渡りのパターンをどこかほかに変えたからだろう。ムクドリはイギリスでは重大な保全上の懸念がある種として、二〇〇二年にレッドリストに載せられており、またその個体数は、一九七九年以来四〇〇〇万羽――平均して家庭の庭に一五羽からわずか三羽にまで――減少していることが最近では明らかになっている。かつてマンチェスターの上空を漂っていた群れは、ほとんどすべていなくなってしまった。

物理学者の挑戦

イタリアの物理学者アンドレア・カバーニャは、その道に入ったばかりのころ、過冷却液体の数学理論に没頭していた。液体は温度が一定の点まで下がると、水が氷になるように結晶化する。ところがある条件下では、凝固点以下でも液状を保つことが可能で、このような過冷却液体には奇妙なことが起きる。たとえば、ある液体を十分に速く冷やすと、常温に戻してもきわめて反応が遅い粘性ガラスになる。カバーニャは何年もかけて、このような事象の原因となる物理法則を深く追究していた。

博士研究としてカバーニャは、イタリアでトップクラスの物理学者ジョルジオ・パリージの指導のもと、理論物理学を研究した。パリージはスピングラス、つまり窓に使われる化学的なガラスと似た性質を持つ無秩序な磁石の研究で、もっともよく知られる。また、素粒子物理学と場の量子論にも重要な貢献をしており、ボルツマン・メダルやマックス・プランク・メダルなど、さまざまな権威ある賞を受賞している。どちらかといえばパリージは無秩序を扱うのを好む――磁石、ガラス、純粋統計理論の中の、あるいは何でも手当たり次第に。

カバーニャは著名な指導教官の研究の嗜好をいくらか受け継いでおり、その中に無秩序な体系への興味もあったため、博士課程を修了してからも過冷却液体とガラスの研究を続けた。二〇〇六年、カバーニャはＳｔａｒＦＬＡＧというプロジェクトに加わった。これが彼の進む道を変えることになる。

パリージが監督するこの大がかりなプロジェクトは、ムクドリの群れの仕組みを探ることで他の群れのシステムを理解するために企画された。フランス、ドイツ、ハンガリー、オランダ、イタリア各国の科学者チームは協力して、それぞれのグループが問題の異なる場面――コンピューターモデル、風洞実験、社会理論など――に取り組んだ。カバーニャはローマで立体写真を使ってムクドリの群れを記録したグループを率いた。数千羽の群れの記述を初めてやりとげると、カバーニャは病みつきになった。理論物理学者としての訓練を生かして、カバーニャはチームと共に、長年見る者を惑わせてきた生物学的現象を解決したのだ――生物学の経験がなく、いわゆるバードウォッチャーではなく、実地の実験をこれまで一度もやったことがないにもかかわらず。

ＳｔａｒＦＬＡＧの対象は、ムクドリの群れにとどまらなかった。大まかな基本方針では、このプロジェクトは鳥の群れのデータを採取するだけでなく、そのデータを使って集団行動の新しいモデルを構築することも狙いとしていた。さらに、カバーニャが物理学の知識を生物学に応用したように、科学者たちは自分の知識を他の分野に応用できることを期待した。

「集団的移動はヒトの行動でも一般的な現象である」とプロジェクトは宣言している。「投資家集団の行動を説明するために、群れを説明するモデルを利用する可能性を検討することは有意義であると、私たちは考える。こうすることで、ファッションや社会的優位のような社会事象の原因を理解する新しい道具が得られることを、私たちは期待する」。プロジェクトに参加したある研究者は、人間が、ダウンロードする音楽や投票行動について、友人からどのように影響を受けるかを中心に取り扱うことにした。カバーニャはファッション・トレンドや市場バブルのメカニズムについてあまりよく知らなかったが、ムクドリがどのように結合力のある集団を作るかを数学的に説明するために、物理学の知識で貢献することができた。カバーニャの物理学者と統計学者のチームは、マッシモ宮殿のテラスで集めたデータの分析に本格的に取りかかった。

彼らは群れの中にいる個々のムクドリの行動を、一九八〇年代のボイドを起源とするモデルに使われる三つの基本ルール、分離・整列・結合と比較した。カバーニャのグループは、ムクドリは互いに少なくとも羽の長さ分だけ間隔を空けて衝突を防いでいること、群れが散り散りになるほど互いに離れることはめったにないことを突き止めた——モデルが想定しているとおりだ。またムクドリは整然と飛んでいるが、それは群れモデルが従来予測していたのとまったく同じ形ではなかった。ある距離内にいる鳥の方向決定をもとにするのでなく、個々のムクドリは距離に関係なく直近の七羽を見て飛ぶ方向を決定する。

これは重要な違いだ。位相的距離——地下鉄の駅の数のような相対距離——が、何メートルという絶対的な距離よりも群れの中では重要であるようだ。その後のモデルはこの調整を行ない、よい結果を得ている。一定数の直近の鳥を、一定の距離内にいるものの代わりに利用すると、群れは散り散りになりにくくなり、捕食者や他の変動に対応して拡大縮小が楽にできる。そして七羽という数が特に興味深い。ムクドリはそれぞれ、おそらくまわりにいる十数羽の群れの仲間を見ることができるが、鳥の能力は一度に七羽までしか処理できないのだろうとカバーニャは考えた。

この性質はヒトとムクドリが共通して持つものらしい。一九五六年、科学者のジョージ・ミラーは「マジカルナンバー7プラスマイナス2」という非常に興味深い論文を発表した。この論文はある種の伝説となり、他の著作に一万六〇〇〇回以上引用されている。ミラーは、七という数に関して奇妙な心理学的な収斂を示すさまざまな実験を、迷信としてではなく論理的に扱った。

ミラーは、スクリーン上に五分の一秒間点滅する無作為な点のパターンを人間に見せる実験について述べている。点の数が七個未満のとき、被験者はほとんど常に点の数を正確に数えられる。ところが七個を超える点が点滅すると、不正確な推測をしやすくなる。別のテストでは、心理学者が無作為な項目のリストを一秒に一個の割合で音読し、それから被験者に、今聞いたことを繰り返すように求める。読みあげた項目が単語、文字、数字の何であれ、被験者は一度に約七個のつながりのない項目を、七桁の電話番号のように短期記憶に収めることができた。こうした結果は、たまにその科学的有用性を超えて一般化されることがあった——たとえば、一種の潜在意識への働きかけとして、パワーポイントによるプレゼンテーションには七個の要点が含まれるべきだと説く自己啓発本のように——が、私たちはたしかに、七項目あたりである種の認識の限界に到達するようだ。そしてムクドリも同じらしい。

カバーニャのチームは、ムクドリの群れを理論物理学で説明したいと考えた。彼らは鳥の速度を群れの中のさまざまな位置で測定し、そして予想どおり、鳥が自分から遠いものより近いものに似た行動を取ることが明らかになった。だがカバーニャが大きさの異なる群れのあいだでこうした相関長を比較すると、それは集団の大きさと完全に対応している——大きな群れでは、鳥はより長い距離にわたって似た行動をとる――ことがわかった。カバーニャはこれをスケールフリー相関と呼び、これが転換点で平衡を保つ臨界系の特徴であることを指摘した。

水は凍るときと沸騰するとき、臨界系になる。雪崩は解放される瞬間に臨界点に達するといわれる。磁石は無秩序な状態から自然に整列するとき臨界になる。おそらくムクドリは、臨界点で群れを形成するシステムの典型例だろうとカバーニャは考えた。

それからこのチームは、ムクドリの群れ内部の飛行方向を分析した。彼らは群れの中の順序を正確に予測できるモデルを見つけ、続いて、一八ページにわたる難解な論文で、それが臨界点における磁性体の有名なモデルであるハイゼンベルク模型（量子力学を使って磁性配向を説明するもの）と数学的に同等であることを示した。たとえば鉄をある温度以下に冷やすと、自然に磁気を帯びる。臨界点以下で物質の中の電子がスピンの向きをそろえるのだ。自発磁化がムクドリの群れ内部の飛翔方向の調整で起きていると、カバーニャら物理学者は主張した。磁石の方程式は、生物学よりムクドリの群れをうまく説明できることがわかったのだ。

ムクドリがどのようにして整然と飛翔するのか、本当に方程式で説明できるのだろうか？　地球上の生命のもっとも自然発生的で美しい表現の下にも、物理学が横たわっているのだろうか？　その答えはある意味で、数学は発見されたと信じるか、発明されたと信じるかによる。それが普遍的な力で、この世界のあらゆる運動を支配しているのか、それとも理論は人間の脳が押しつけたものなのかに。歴史上、哲学者たちはあらゆる情熱を傾けてこの問題に煩悶してきたし、今も議論は続いている。

私は、生命は物理に逆らうと、そして渦巻くムクドリの群れの美は宇宙の法則ではなく、鳥の中から生まれるものだと思いたい。ルネサンスの名作はある規則にしたがっているかもしれないが、それでも真の名匠がいなければ生まれない。創発について述べたピーター・コーニングが指摘するように、規則を知ったからといって解決が少しでも近づくとはかぎらないのだ。

アンドレア・カバーニャは、人間が自然界を、はっきりとした形でではないかもしれないが、理解するために物理学が役に立つと考える。彼のチームはたしかに鳥の群れ行動について、おもしろい観察結果を記録している。だが、数百万のネット動画視聴者は、本能と純粋な興味から同じ結論に達していた。どのように見ようと、ムクドリの群れは本当に魅力的だと。

ヒメコンドルの並はずれた才能

高校生のころ、私はある日両親に、コンドルの写真を撮りたいと言った。

「すごいじゃない」と両親は言った。「でもそんなに近づけるの？」

「庭にシカの死骸を置くんだ」。

私はデイビッド・アッテンボローの『鳥の世界』のあるエピソードに触発されていた。イギリスの映画製作者が、にぎり拳くらいの腐った牛肉の塊を持って、トリニダード島の熱帯雨林に潜入する。もったいぶった手つきで、アッテンボローは肉を暗い林床に層になった湿った落ち葉の下に隠し、後ずさりしながら軽やかにこうつぶやく。「彼らのくちばしは肉を細く引きはがすのにとても向いている」。四十五分後、ヒメコンドルがどこからともなく現れ、ごちそうを掘り出す。見事な手並みだ、映画製作者もコンドルも。

サー・デイビッドが腐臭漂う古いステーキ肉でコンドルを一羽誘うことができるなら、丸々一頭のシカの死骸なら何羽のコンドルを引き寄せられるだろう？　そいつがどれだけ臭うか、想像してみてほしい。

私の両親はこの手の思いつきに慣れっこだった。自分たちの息子がなぜ、どのようにしてこんなに鳥に夢中になったのかは、よくわからなかったが、もっとろくでもないことをしでかされるよりはましだろうと、しぶしぶ受け入れていた。両親が出したただ一つの条件は、動物の死体は台所まで臭いが届かないくらい家から離れたところに置くことだった。

私は運転免許を取得したばかりで、古い白のボルボ・セダンで地元のバードウォッチングの好適地を巡回していた。この車は戦車のように頑丈な造りで、人間の死体が二つ入るトランクを誇っていた――少なくとも私の眼力は、平均的なシカの死骸が一体十分に入る広さだと見抜いていた。私はトランクに手袋とゴミ袋を常備して、車に轢かれたシカを田舎道で探しまわるようになった。

あいにく、喉から手が出るほど欲しいときにかぎって、いい轢死体(れきしたい)は手に入りにくいものだ。いつの間にか私は、幹線道路からの死骸の撤去を担当する交通局の職員や、許可を得て肉食獣の餌にする死骸を集めている地元のオオカミ保護区、大型冷凍庫を持つ変わり者の男と競争になっていた。それでも楽観的でいられるのには理由があった。保険会社の推定によると、アメリカでは車と衝突するシカが一年に一五〇〇万頭おり、そのうち九〇パーセント近くが衝撃で死亡している。死骸は必ず出てくる。

そうしているうちに、周囲にいるコンドルに新たな興味が湧いてきた。夏のオレゴン州にはヒメコンドルが多く、いつも上昇気流のまわりを旋回しながら、翼端を上げ、わずかに身体を揺らして頭上を気だるげに漂っている。近くで見るとがっしりとした鳥で、暗くいぶしたような赤褐色と黒の羽毛のマントが、不気味なピンク色をした丸裸の頭を支えている。この鳥は私を魅了しはじめた。そして轢死体とコンドルを共に追って過ごすうちに、このスカベンジャー（腐食動物）が――そしてそれを研究する人々が――私の想像さえはるかに超えて奇妙であることに気づいたのだった。

嗅覚か視覚か

鳥に嗅覚があるかどうかは、何世紀にもわたり議論されている。大部分は人間のように視覚に頼っていることには疑いなく、これまで専門家は鳥類の嗅覚能力をまったく軽視してきた。だが因習的な考えは薄れはじめており、また、ヒメコンドルはこの規則の最大級の例外であることがわかっている。

コンドルには、大好物の屍肉を見つけだす特殊な才能があることは以前から認識されていた。アリストテレスは、ハゲタカ――おそらくヨーロッパのハゲワシで、新世界のコンドルとは別種――が死んだ動物へと飛んでいく能力について考え、鼻を頼りにしているにちがいないと述べた。十九世紀初めには、ほとんどの人間はハゲタカが臭いで餌を見つけるのだと信じていた。動物の死骸は、私たちのあまり効かない鼻にも猛烈に臭うので、無理のない推測だが、疑ってみる価値はある。

一八二六年、ジョン・ジェームズ・オーデュボンは、アメリカ東部のヒメコンドルとクロコンドルで実験をした結果、独自の結論にたどり着いた。この著名な鳥類学者は、腐った肉の塊を紙で覆って、コンドルのかごの近くに置いた。コンドルは気づいていないようだった。次にオーデュボンは、肉の代わりに詰め物を入れたシカを野原に置いた。コンドルはそれを調べた。最後に、腐ったシカの死骸を空からは見えない低木の茂みに隠した。コンドルは見つけられなかった。オーデュボンは、通説とは反対に、コンドルは食物を嗅覚ではなく視覚だけで見つけると結論した。彼の論文「ヒメコンドルの習性、特に並はずれた嗅覚を持つという俗論の打破のために」という論文は、多方面からの嘲笑にさらされた。七年後、ロンドンの『マガジン・オブ・ナチュラル・ヒストリー』などの出版物で、論争はオーデュボン本人（このころ北アメリカの鳥すべての絵を描くという野心を宣言していた）への個人攻撃へと変質していた。

せっぱ詰まったオーデュボンは、親友であるアメリカのナチュラリスト、ジョン・バックマン（現在、その名にちなんだ英名を持つ鳥がホオジロ科とアメリカムシクイ科にそれぞれ一種いる）に手紙を書いた。バックマンは同情的だった。自身もすぐれた野外研究者である彼は、現場を知らない評論家について批判的だった。バックマンはのちにこう書いている。「先達と違う結論に達したというだけの理由で、博物学の問題で意見を述べた者を非難することは、不当な行為のように私には常々思われた」。

バックマンは自分でもコンドルの実験をやってみることにした。問題の解決は単純なはずだと彼は考えた。「もしもオーデュボン氏が世間を欺こうとしたのなら、簡単かつ確実に見破れる課題を選んでしまったことは、氏の論文を読んだ者であれば誰も否定できない」。

とはいえ、誰もがオーデュボンのコンドルの実験を批判したわけではなかった。若きチャールズ・ダーウィンは、十年後に旅行記『ビーグル号航海記』で、南米のアンデスコンドルについての見聞を記録した。「オーデュボン氏 Audubon の行なったはげたかの嗅覚のないことの実験を思い出して、私は次のような実験を（中略）行なった」と、ダーウィンは記し、チリでの実験について説明している。数羽のコンドルを壁の根元に一列につなぎ、その前を紙に包んだ腐肉を持って行ったり来たりしたのだ。鳥たちは見向きもしなかった。年取った雄のコンドルのくちばしに悪臭のする包みを押しつけるようにすると、ようやくこの鳥が包み紙を引き裂き、残りのコンドルたちも束縛から逃れようとにわかに暴れ出した。「これと同じやり方でいぬをだますことは不可能であろう」（『ビーグル号航海記』中　島地威雄

訳　岩波文庫）とダーウィンは述べ、コンドルは餌の臭いをかぎつけられなかったと結論している。

その結果をすべてのハゲタカに一般化するには、ダーウィンは慎重だった。西インド諸島で住人が人知れず死んだ家の屋根に、ハゲタカが集まった事例を、彼は聞いたことがあった——明らかに鳥が腐肉の臭いをかぎつけたことを示している。また、ヒメコンドルの大きな嗅球の解剖学的研究や、別の野外研究の結果も知っていた。ダーウィンの結論は「はげたかが鋭敏な嗅覚を有することについては、肯定と否定との証拠が奇妙にも均等になっている」というものだった。コンドルの実験を行なったときダーウィンは二十代なかばで、『ビーグル号航海記』を出版したのはちょうど三十歳のときだったが、彼の分析的な思考はすでに見て取れる。その後の二十年で、ダーウィンは『種の起源』を著し、生命そのものを見る世界の目を変えることになるのだ。

一八三三年から三四年にかけての冬、ダーウィンが南アメリカでコンドルと戯れていたのとちょうど同じころ、ジョン・バックマンは、コンドルの嗅覚論争にけりをつけるために南カリフォルニアで実験を行なっていた。

まずバックマンは、当時新聞が広めていた変な作り話を打ち消すことに取りかかった。コンドルは片目を潰されても、頭を羽の下につっこんで少したつと、視力を取り戻すというものだ。バックマンの実験（今ではまず二度とできないものだ）では、捕まえたヒメコンドルの目を突くと、当然のように視力を失った。いい機会なので、バックマンは次に目の見えないコンドルが臭いだけで腐った肉を探知できるかを試した。腐臭を放つ、ウサギの肉をくちばしから一インチ以内にぶら下げても、コンドルは動かなかった。このコンドルに食べさせるには、口の中に餌を直接入れてやるしかなかった。この気の毒なコンドルは、目玉をえぐられてから二十四日後に死んだ。バックマンは、自分の実験でオーデュボンの以前の結論が裏付けられたと確信した。

バックマンはそこで終わらなかった。次にノウサギ、キジ、チョウゲンボウの死骸を拾い集めてきて、屠場で出た手押し車いっぱいの屑肉といっしょに庭に積み上げておいた。バックマンはその上に高く枠を組み、木の枝で隠した。肉の山は上空からは見えないが、地面の高さではむき出しになっていた。この「ぐちゃぐちゃのごちそう」の臭いは二十五日後には耐えがたいものになったが、上を飛んでいく何羽ものコンドルはバックマンの庭を決して調べはしなかった。近所の犬だけが供え物をあさっていた。バックマンは再び、コンドルは臭いがわからないと結論した。二、三の操作でこの結論は確かめられたようだ。腐肉の山から覆いを取り除くと、コンドルがやってきた。山を薄いキャンバスの下に隠してその上に肉片を何切れかまき散らすと、コンドルは目に見える餌は食べたが、下のごちそうを手に入れようとはしなかった。キャンバスに小さな穴を開けて下にあるものを見せてやると、コンドルは喜んで穴に首を突っ込んだ。

独創性に豊んだバックマンは、最後にもっと芸術的な実験を考えついた。新品のキャンバスに、皮をはがれて切り口から内蔵がはみ出たヒツジの死骸の絵を実物大で描いたのだ。絵が完成すると、バックマンはそれを外に置き、コンドルがどうするかを観察した。「この絵を地面に置いたとたん数羽のコンドルが目に留め、近くに降りて上を歩き、中には絵を引っ張りはじめるものもいた。コンドルは非常に落胆し、驚いたようで、好奇心を満たすと飛び去っていった」と、バックマンは喜びを隠しきれない様子で、コンドルの研究を記録した学術論文で述べている。

バックマンは絵を使った実験を五〇回以上くり返し、同じ結果を得た。最大の目玉として、彼は擬装した屑肉を庭に三メートルも積みあげ、その山の真ん中に絵を置いた。コンドルはいつもどおり絵を調べたが、鼻のすぐ下にある本物のごちそうを見つけることなく去っていった。

オーデュボンが正しいことが証明されたと、バックマンは考えた。コンドルは餌を臭いでなく視覚で見つけるのだ。彼は、コンドルは臭いがわからないとまでは言っていない。ただ、イヌなど多くの動物が餌を探すときのように鼻を使わないということだ。彼が結果を発表すると、その発見に異を唱えられる者はいなかった。

バックマンが裏庭でのコンドル研究を止めるときがきた。コンドルが「近隣住民に攻撃的になるかもしれない」ことを彼は恐れた。オーデュボンやダーウィンと同様、初期のコンドルの実験によりバックマンの名声は高まった。彼はのちにニューベリー大学を設立し、南北戦争中には瀕死の兵士たちを看護し（そして北軍兵に片腕を傷つけられて生涯麻痺が残り）、アメリカの哺乳類に関するオーデュボンの大判本を出版し、ルーテル教会の牧師職に生涯を捧げ、八十四歳の天寿を全うした――裏庭で行なった、皮をはがれたヒツジの恐ろしい絵による実験の記憶に、最後まで満足していたのは間違いない。

ガス漏れ探知能力

全世界にハゲタカは二三種おり、大きく二つのグループに分けられる。旧世界のハゲワシと新世界のコンドルはまったくの別種だが、外見と習性は似ている。収斂進化のいい例だ。鳥の翼とコウモリの翼のように、同じ機能を果たすために別個に発達したのだ。

新世界には七種のコンドルが生息している。アンデスコンドルとカリフォルニアコンドルは、それぞれ南米と北米に棲む。ピエロのように派手な顔のトキイロコンドルは中南米の熱帯雨林に、キガシラコンドル、オオキガシラコンドルは南米に棲む。広く分布するクロコンドルとヒメコンドルは北米でおなじみの鳥だ。クロコンドルは大陸の東半分に限られているが、ヒメコンドルはカナダ南部からチリの先端、果てはフォークランド諸島まで全土に広がっている。

この中で、ヒメコンドルはもっともよく知られ、もっとも悪しざまに言われている。人の住む地域でも珍しくない鳥で、何かが死ぬのを待っているかのように、頭上を旋回しているところがよく見られる（らせん飛行は実は上昇気流の狭い柱の中で高度を上げる役割を果たす）。少なくともオーデュボンは、その動きに価値を認めている。「ヒメコンドルの飛行は優美だ……翼を水平より高く拡げ、翼端は体重のために上向きに曲がり、高くも低くも見事に滑空する」。近くで見るとヒメコンドルは独特の姿をしている。英名のターキー・バルチャーは、食卓でおなじみのシチメンチョウに外見が似ている——羽毛のない頭と黒い身体が——ことからつけられたが、私の目には、ヒメコンドルはどの家禽よりも印象的に見える。そのためにはたぶん、コンドルに美を見いだす並はずれて好意的な視線が必要なのだろうが、彼らはこざっぱりとして清潔だと私は思う。学名のカタルテス・アウラは直訳すれば「清めのそよ風」という意味で、ごみため漁りというより部屋の芳香剤のようだ。

これは彼らにふさわしい学名だ。ヒメコンドルは、この世界を掃除するという人の嫌がる仕事をしてくれているからだ。不潔であるとの評判はいわれのないものだ——ばい菌をまき散らすのでなく、食べつくしているのだから。多くは病死した動物を、腐肉についた微生物ごと食べられるように、ヒメコンドルは鉄の胃袋を持っている。

まさにこの理由からコンドルの消化は、最近医学者の関心をとらえている。コンドルの排泄物は、驚いたことに、まったくの無菌だ。コンドルについて愉快な事実が一つある。自分の脚に排便する癖があるのだ。これには実用的な利点が二つある。蒸発によって脚を冷やすことと（コンドルは汗をかけない）、糞が脚の消毒（たいてい細菌だらけの死骸の上を引きずって歩いたばかりだ）に役立つことだ。最近明らかになった事実は、コンドルの胃が炭疽菌の芽胞を悪影響を受けることなく処理し、殺菌できることを示している。またボツリヌス菌に汚染された死骸を食べても菌を殺し、免疫系は菌の出す毒素に対処できる。ハンタウィルスを含んだ齧歯類（げっしるい）の死骸を無毒化することさえコンドルには可能だ――ウィルスは入っていくが、出てこないのだ。一方、ヒトが発見した最良のハンタウィルスの不活性化方法は、化学洗浄剤に浸すか、最低でも四五℃の熱で炙ることだ。コンドルがそうした重大な病原体と毒素をどのように処理しているか、正確に解明することができれば、おそらくその知識を人類に応用する方法が見つかり、生物戦や伝染病の防止に大きな意味があるだろう。病気を無害化し予防するこのような能力をなぜコンドルが持つかの答えは、その際だって効率のよい消化系と免疫系、また、ある種を病気にするものが他の種に影響するとはかぎらないという事実にあるのだろう。コンドルは、私たち（と、他の多くの動物）を殺すようなものによって生き続ける――さらには繁栄する――ように進化したのだ。

ハゲタカには、すべてこの頑健な胃という天成の能力が共通しているが、ハゲタカの種が違えば餌を見つける方法も違うかもしれない――そして種の違いで、初期のコンドルの実験でまちまちな結果が出たように見える理由を説明できるかもしれない。この刺激的な謎の真相解明は、のちの科学者に委ねられることになる。

一九三七年三月十八日、テキサス州ニューロンドンという油田街で、学校が授業中に何の前触れもなく爆発した。目撃者の話では、壁が膨らみ、校舎の屋根が持ちあがり、それから何もかも崩れ落ちたという。生徒と教師を合わせて二九五人以上が死亡した。今日、テキサス州史上三番目に多くの死者を出した大惨事（一九〇〇年のハリケーンと一九四七年の船の爆発に次ぐ）とされている。この学校はパイプラインで天然ガスを引いて暖房に使っており、漏れた無臭のガスが校舎に充満して爆発性の混合気となっていたことが、詳しい調査でわかった。ある教師が午後三時に電動工具のスイッチを入れると、小さな火花が引火し、校舎全体が吹き飛んだのだ。

数週間後、誰でもすぐガス漏れに気づくように、テキサス州ではすべての天然ガスに低濃度の付臭剤――メルカプタンのような非常に臭いの強い化学物質――を混ぜることが、新たに法令で定められた。これは簡単な解決方法だった。少しでもガス漏れがあれば、人間の鼻で探知され、十分に警戒される。臭い物質を天然ガスに添加する慣行はすぐ世界中に広まった。このアイディアは少し前からあったのだが、大惨事をきっかけに実行が促されたのだ。

メルカプタン類は臭いことで特に知られている有機化合物だ。大量にあれば有毒だが、通常存在する濃度では無害だ。エチルメルカプタンという特定の配列は、『ギネスブック』にこの世で「一番臭い物質」として認定されたことがある。ヒトの鼻はこの物質を一ｐｐｂ（一〇億分の一）以下の濃度でも感知することができる。二酸化硫黄（大気汚染や火山性ガスの刺激臭）の閾値（いきち）の約一〇〇〇分の一だ。メルカプタンは茹でたキャベツ、タマネギ、腸内ガス、チーズ、口臭、糞便の芳しい香りに一役買っている。また動物の血液や脳に含まれるので、死体が腐敗するにつれてメルカプタンが放出され、屍臭の一因にもなる。

ユニオン・オイル・カンパニー・オブ・カリフォルニア社の労働者は、有臭ガスの奇妙な付随作用に間もなく気づくようになった。遠隔地でガスパイプラインが漏れると、いつもヒメコンドルの集団がすぐに真上に集まってくるのだ。どうやら大気中に広がるメルカプタンをかぎつけているようだった。ガス漏れ箇所を突き止めるのに、労働者は旋回するコンドルを探すようになり、このやり方は現在も使われているらしい。

この豆知識は、数十年のあいだコンドルの研究者には知られずにいた。彼らは研究室にこもりがちで、その研究室は遠隔地のパイプラインのそばにはないからだ。オーデュボンとバックマンが古典的実験を行なってから百年以上がたっても、コンドルが餌を視覚で見つけるのか嗅覚で見つけるのかについては、未解決のままだった。ヒメコンドルが臭いを頼りにするという話は定期的に持ちあがっていた。腐肉のような強い臭いを発するキノコや花を調べているところが目撃されていたのだ。また、二、三の解剖学的研究で、コンドルは食べ物をかぎつける能力を、使ってはいないにせよ持っているらしいことがわかった。一〇八種の鳥を調査した結果では、脳の大きさとの比率で大きな嗅球を持つ鳥の上位一〇種のうち、九種は海鳥（鋭い嗅覚を持つことでも知られている）だった。残り一種はヒメコンドルで、第八位を占めていた。

一九六〇年代、当時ロサンゼルス自然史博物館の鳥類学主任学芸員だったケネス・E・ステージャーは、たまたまユニオン・オイル社の労働者と話していて、社内では常識となっているヒメコンドルがガス漏れの上に集まるという話を伝え聞いた。コンドルに興味がありながら、ステージャーはそのようなことを聞いたことはなく、この話が頭に引っかかった。博士論文のためにコンドルの嗅覚問題に取り組むことにしたとき、オーデュボンの実験を他の実験とともに再現したステージャーは、メルカプタン——天然ガスと腐肉の共通の分母——がすべての謎の鍵かもしれないことに気づいた。

ステージャーは現場志向の在野の野外鳥類学者で、文字どおり砲火の中で能力を示した。第二次世界大戦中、歩兵としてビルマのジャングルにいたステージャーは、カチン族の人々が美しいハッカンをちょうど仕留めたばかりのところに出くわした。ステージャーはその場で鳥の皮を買い取り、座り込んで身からはがしだした。ところが終わらないうちに、日本軍の砲弾が野営地に着弾しはじめた。気鋭の鳥類学者は塹壕に飛び込むと、標本の処理を終えた。この出来事がきっかけで、彼はすぐにツツガムシ病を研究する部局に転属になった。この病気は東南アジアの一部地域で、戦闘によるものの五倍の死者を出していた。ステージャーは戦争が終わるまで、中国の奥地で鳥や哺乳類の標本を集めて楽しく過ごした。このときのハッカンは今もロサンゼルス自然史博物館に展示されている。その後ステージャーは鳥類採集隊の一員としてオーストラリア、ブラジル、アフリカ、インド、メキシコ、さまざまな離島に遠征し、これら地域の鳥類についての知識をかなり増やしている。

ホームグラウンドのカリフォルニアでコンドルの研究を思い立ったステージャーは、いつもどおり真摯に計画に打ちこんだ。コンドルの嗅覚について徹底的な文献調査を行ない、それは今でも、このテーマについて誰も発表したことのない、網羅的な考察となっている。それから彼は、先行研究が正確にどこで間違えたかを証明する実験を計画した。

まずステージャーは、腐肉を隠してヒメコンドルがそれを見つけるかどうかを見るオーデュボンの基本的な実験を再現した。かご罠に死骸を仕掛け、それを決して空から見えないように隠した。ステージャーが罠を調べると、コンドルが何羽かかかっていた——腐肉の悪臭に釣られて餌を見つけたのにちがいない。

それからステージャーは死骸を隠し、コンドルが空のどこから現れるかを見張った。鳥は、地上の臭いを探しているのだとすれば予想されるとおりに、低く飛ぶ傾向があり、たいてい風下から餌に近づいた。大ざっぱな目測で、コンドルは隠された死骸を少なくとも二〇〇メートル離れたところから見つけられると、ステージャーは推定した。

だがステージャーの実験で一番おもしろいのは、メルカプタン入りの天然ガスの臭いを使ったものだ。石油会社従業員の話に刺激されて、ステージャーはヒメコンドルを臭いだけで引き寄せる独創的な実験を思いついた。結果は明白だった。ステージャーがカリフォルニアの丘陵地に混じり気なしの臭いガスを噴き出させると、コンドルが出現して頭上に輪を描いた。おもしろいことに、この臆病な鳥は近くに囮の死骸が置かれていないと、地面に降りようとしなかった。臭いだけの実験で、ヒメコンドルは約二十分間旋回してから去っていったとステージャーは報告している。これは臭いの元を視覚によって確認する必要があることを意味する。ヒメコンドルは、最終的に取りつくための手段は視覚であるにしても、鼻で餌を探すことができると結論した。

ステージャーをはじめ多くの人は、オーデュボンとバックマンによる初期の実験の欠陥についてこのように考えている。オーデュボンの実験の多くはクロコンドルを使って行なわれた。現代の知識では、ヒメコンドルだけが優れた嗅覚を持ち、クロコンドルは持っていない（死骸を探すためによくヒメコンドルのあとをつけている）ことがわかっている。オーデュボンはたぶん、コンドルはすべて同じように行動すると決めてかかり、結果の解釈を誤ったのだろう。また、コンドルは腐った肉を好むと信じていたようにも見受けられるが、これは明らかに事実ではない——ヒメコンドルは新しい死骸を好むことが今ではわかっている。だからオーデュボンが隠した死骸の臭いを感じていたが、単に食べたくなかったのかもしれない。さらにバックマンが、庭に積み上げた屑肉をキャンバスで覆ってコンドルが見つけられるか調べたときには、鳥のくちばしや爪の弱さが計算に入っていなかった。餌をかぎつけたかもしれないが、分厚いキャンバスを破って手に入れることができなかったのだ。

味にうるさいヒメコンドル

近年の実験により、ヒメコンドルが並はずれた嗅覚の持ち主であるという見解を支持する証拠が、相当集まっている。ある研究では、研究者はパナマの熱帯雨林の低木層に、七四羽のニワトリの死骸（絞めたばかりの羽つきのものをパナマ市の市場で買い、腐らないうちに急いでジャングルに持ってきた）を丹念に並べ、ヒメコンドルが見つけるのにどれだけ時間がかかるかを観察した。コンドルは七一羽の死骸を数日のうちに発見し、開けた林床に置かれたものと木の葉で雑に覆ったものとのあいだに測定できる差はなかった。鳥が二日目の死骸に、一日目や四日目のものより多く引き寄せられたのは興味深い発見だった。最初の日にはニワトリは熟成が不十分だった——メルカプタンなどのガスを遠くからかぎつけられるほど発散していなかった――が、四日目になるとヒメコンドルの味覚でも腐敗が進みすぎていたのだろうという仮説を研究者は立てた。

ヒメコンドルが臭いを頼りに餌にたどり着くとすれば、腐りかけた死骸の何の臭いに引き寄せられるのかが、まだはっきりとわからない。カリフォルニア州立大学ハンボルト校の二人の科学者が、ヒメコンドルのメルカプタンへの反応をテストして、ユニオン・オイル社の労働者の話が実験によって確かめられるか――そして、ケン・ステージャーが立てた仮説のように、メルカプタンはすべての謎の鍵かどうか――を調べた。餌の臭いをかぐとコンドルは興奮する。そこで研究者は捕らえたコンドルに、だんだんと濃度を上げながらガスをかがせ、心拍数を計測した。心拍数が跳ね上がったところが、閾値に達したところだ。実験室での試験は、少々期待はずれで、メルカプタン濃度が一〇〇万分の一ほどに達したときにようやく反応する傾向を明らかにした――鳥としては印象的だが、同じ化学物質を一、〇億分の一で感知できる人間の能力には遠くおよばない。

次に二人の研究者が、一点から拡散するガスの濃度をモデル化すると、腐りかけの死骸の臭いをかぐには、ヒメコンドルは地表から一七センチ以内を飛ばなければならないと算出された。計算が間違っている（と一部の批判者はほのめかしている）か、ヒメコンドルは何か他の臭いをかいでいるかどちらかだ。腐りかけの死骸が発するガスはメルカプタンだけではない。この研究は、酪酸（腐ったバターが発する臭い）やトリメチルアミン（魚臭）も試し、同様の結果を得た。腐りかけの肉はカダベリンやプトレシンのようなふさわしい名前のついた物質（訳註：それぞれ「死体」「腐敗」を語源とする）を含め、膨大な種類のすてきな化合物を発散している。そのどれをヒメコンドルは主にかぎ、そして喜ぶのかは誰にもわからない。

嗅覚と味覚に重なる部分があることと、さらにはヒメコンドルは食べ物にかなりえり好みがあることも、ヒメコンドルの嗅覚の研究を複雑なものにしている。ヒメコンドルは、人間と同じように、肉食動物より草食動物を好む。だからコンドルは、たとえばイヌやネコの死骸よりも、交通事故死したシカの死骸でよく見られるのだ。また、肉は新鮮なものを好む。

鳥は、ヒトのように、食べ物の甘い、酸っぱい、塩辛い、苦い味を識別できるが、ただし配置が多少異なっている。鳥の味蕾は舌の上ではなく、主にくちばしの内側にあり、受容器官の数は人間よりはるかに少ない。ヒトは約九〇〇〇個の味蕾を持つが、鳥はわずか二、三〇〇だ。味蕾の数が実際の感覚にどう関係するのかは、はっきりしない（たとえばナマズの一種は、約一〇万個持っている）。なので、鳥の味の感じ方がどう違うのか、本当のところはわからない。だが嗅覚は味覚と密接な関係があるので、コンドルが他の鳥よりも餌の味を強く感じている可能性はある——何とも皮肉なことだ。

高校時代、私の鳥への興味は高まる一方だったが、ヒメコンドルをおびき寄せるのにちょうどいいシカの事故死体を探すのに一カ月以上かかった。うってつけの死骸を見つけたころには、私は諦めかけていた。あと二、三週間でヒメコンドルはみんないなくなってしまう。写真撮影は来年の夏まで延期しようかどうか考えていた。

しかしある午後、特に探してもいなかったとき、それは見つかった。暑い八月の午後、州間幹線道路の路肩に叩きつけられていたのだ。子ジカは高速道路に迷い込んで不運な最期を遂げ、そして、生命の循環という意味では、それは新たな始まりだった。シカはひょろっとした脚で立っていないと、縮こまってなんとなく小さく見え、私はもう少しで死骸を完全に見過ごすところだった。

私は車を路肩に寄せ、トランクを開けて手袋を急いで取り出すと、シカを持ちあげようと格闘した。痩せた子ども一人では楽な作業ではなかった。一八輪トレーラートラックが唸りを上げて通りすぎ、アスファルト道路から立ち上る熱気を私に叩きつけた。シカは新しかったが、すでにガスで膨れ、ハエとスズメバチがびっしりとたかり、ひどい肩の傷から粘っこい液体がにじんでいた。臭いはすさまじかった。私はゴミ袋が密閉されることを信じて、死骸をトランクに放り込み、運転席に飛び乗るとその場をあとにした。

時速一〇〇キロでも、強烈な臭いは抑えられなかった。家までの道を半分も行かないうちに、息もできないほどになっていた。私は残りの道のりを、興奮した子犬のように窓から顔を突き出して運転したが、突然複雑な感情がわいた。これが本当にうまい手なのだろうか?

誰も――オーデュボンも、バックマンも、ステージャーも――コンドルと臭いに関する論文の中で触れなかったことが、つまりその、臭いだ。私の子ジカはとんでもない異臭を放っていた。腐敗臭はかすかなものではない。このわかりきったことを確かめるのに、濃度の閾値やガスの拡散を計算する必要はない。私の鼻はこのシカの臭いを何百メートルも先から楽々かぎつけることができる。

家の裏手にある伸び放題の牧草地は、日光が置いた死骸をくっきり照らし出してくれる。そこにカモフラージュしたブラインド（隠れ場所）があらかじめ設営してあった。私道に乗り入れると、即刻用意してあった一輪車にシカを移し、予定の場所に急いで運ぶと、その場で自然に倒れたように死骸を放り出した。それから落ち着いて、待った。

長くはかからなかった。二時間足らずのことだ。夕食時、一羽のコンドルがステルス爆撃機のように滑空してきて、家の裏庭の端に生えた木に降り、高い枝にとまって不器用に羽ばたいていた。それから一時間でさらに数羽が姿を現した。私は急ごしらえのブラインドまで駆けていき、日が沈むまで悪臭のするシカのそばに座っていたが、あえて降りてきてそれに触ろうとするコンドルは一羽もいなかった。がっくり首を折って私は家に引っ込み、寝床についた。

翌朝、台所の窓からの不気味な光景が、私たち一家を待ちかまえていた。二〇羽近いヒメコンドルが電柱のてっぺん、屋根の上、裏庭の木の枝に丸くなっていた。どうやらあたりにとまってひと晩過ごしたようだ。鳥たちは静かだったが、目的ははっきりしていた。そして腹を減らしていた。

信じられなかった。私は外に飛び出していき、二羽のコンドルがシカの死骸に乗って目玉と歯肉をえぐりだしているところにちょうど間に合った。私がブラインドに潜りこむと二羽は驚いて逃げたが、四十五分後に十数羽の仲間を連れて戻ってきて、私のカメラの真ん前で死骸の穴という穴に頭を突っこんだ。

その宴会の成功を昨日のことのように覚えている。二〇羽のヒメコンドルと数羽のワタリガラスが、一週間としないうちに例のシカをきれいに骨にしてしまった。毎朝、十数羽のコンドルが家の屋根や近所の電柱に背を丸めて休み、食べたものを消化するまでのあいだを、不気味に物思いにふけりながらだらだらと過ごしているのを私は見た。草地を踏みつけた一角の真ん中に置いたシカは、それまで見たこともない最高の鳥の餌場となった。

シカ丸ごと一頭がついに片づくと、コンドルはやってきたときのように静かに去っていき、手元には予想どおり血なまぐさい食事時の写真が何枚も残された。それからずいぶんたってようやく、裏庭を漆喰のように白く覆う糞の跡と、台所の臭いも消えた（そして両親の引きつり笑いも）。だが私のコンドル熱はさめなかった。

今思えば、シカの死骸をトランクに放り込む前に、ゴミ袋を一枚その下に敷いておけばよかった。あの臭いはコンドルにとっては天国かもしれないが、私にはどうしてもなじめなかった。貴重な私のシカのエッセンスは、車の内装に何カ月も残っていた。コンドルたちがみんな、越冬のため当然のように南へと渡っていってからもずっと。車で出かけるたびに、ともかくその臭いは、恐ろしげな友達がもうすぐ戻ってくることを思い出させた。日が長くなりはじめ、オレゴンの雨の勢いが衰えだすと、私は新たな期待を胸に空を見張った――春にきっとやって来る最初のヒメコンドルを探して。

シロフクロウの放浪癖

二〇一一年十月二十八日の午前七時を少し回ったころ、ミネソタ州北東部に足しげく通っていたバードウォッチャーが、ダルースとウィスコンシン州スペリオルを結ぶ橋のたもとの街灯にとまったシロフクロウの亡霊のような姿に気づいて、目を見張った。彼は妻に電話をかけ、妻は目撃談を地域の珍鳥情報に中継した。三日後のハロウィンの日、別のシロフクロウがミネソタ州南西部に不気味な姿を現した。それからさらに数羽が中西部に出現すると、北米中のバードウォッチャーが注目しはじめた。これは侵入の始まりなのか？

十一月末には、数百羽のシロフクロウでオレゴンからニュージャージー、南はカンザスまでの野鳥愛好家の情報網が活気づき、フクロウが現れたところには高価なカメラとスポッティング・スコープがごった返した。疑う余地はなかった。二〇一一年から一二年にかけての冬は、史上最大級のシロフクロウの爆発的増加——つまり個体群の移動——という傾向を示していた。

感謝祭の日（十一月第四木曜日）、ホノルル国際空港の職員が、白いフクロウが滑走路——太平洋の真ん中では一番ツンドラに似ている——に座っているのを見つけ、そんな障害物はそれまであつかったことはなかったので、航空機の安全のためという名目で鳥を射殺した。それがハワイに初めて出現した野生のシロフクロウだったことは、気にしないことにしよう。ボストンのローガン国際空港では、以前も冬になると何羽かフクロウが降りてきていたので、職員はもっと冷静だった。四〇羽を超えるシロフクロウに押しかけられても、辛抱強く一羽ずつ捕まえて、追跡のために頭に色とりどりの塗料で印をつけ、安全な場所に移動させた。

十二月から一月になると、さらに数千のシロフクロウが南へとさまよっていった。ミズーリ州では、それまでの最大数が八羽だったところに、五五羽が見つかった。カンザス州には一六〇羽がいた。サウスダコタ州のあるバードウォッチャーは七時間で二〇羽を数え、カナダのブリティッシュコロンビア州バンクーバーでは、バウンダリーベイのある一箇所で三一羽が数えられた。ダラスのある警察官が、地元のマリーナの照明設備にいるシロフクロウをいつも見ていると何気なく友人に話したところ、追っかけが殺到する事態になった。テキサスでは五十年ぶりのことだった。

シロフクロウを初めて見たときのことは、誰も忘れられない。高さ六〇センチ、純白に近い体色と鋭い黄金色の目を持つ、ハリー・ポッターのペットのヘドウィグが野生に転生したこの鳥を見ることは、北極圏の真ん中をのぞき込むのと同じだ。私たちの大半にそのチャンスはめったにない。というのもシロフクロウは、ヨーロッパからロシア、カナダにかけての北極海と北方森林限界に挟まれた狭い緯度帯にひっそりと暮らし、通常は文明の目の届かないところにとどまっているからだ。地球上で特に環境が厳しい地域だ。彼らは一生の大半を寒く吹きさらしのツンドラで過ごす。そこではレミング——ハタネズミに近い小さくかわいらしい齧歯類で、ツンドラじゅうに棲み、草を食べ、どんどん殖える——が絶えず供給され、何世代にもわたってフクロウに餌を与えている。

ところが二、三冬ごとに、シロフクロウは本来の範囲より南に、ときには大挙して、姿を現している。たとえば一九一六年には、一〇〇〇羽を超えるシロフクロウがワシントン州だけで報告されている。その多くは立ち去ることはなかった。当時の探鳥家は双眼鏡の代わりに散弾銃を携帯しており、その年に採集されたシロフクロウの標本の多くは、地域の屋根裏部屋や博物館で今も見られる。シロフクロウはよく目立ち、姿が見えたときに騒がれやすいので、その動きは人々が鳥に注意を払っているかぎり記録されている。特に大規模な北米での爆発的増加は、一九四七～一九四八年、一九六六～一九六七年、一九七三～一九七四年、一九八四～一九八五年、一九九六～一九九七年に発生している。

シロフクロウの侵入は過酷な循環の反映だといわれる。このフクロウは、権威ある生物学の論文によれば、餌不足ですみかを追われるのだ。北方のレミングの個体数は数年に一度激減し、するとフクロウは南へと逃げざるをえず、アメリカにやってきたもののほとんどは飢えている。これは捕食者と被捕食者の微妙な関係を示した教科書的な例だ。

それはまた、悲しい話でもあるかもしれない。「悲劇に終わるシロフクロウの侵入」と題する新聞記事は、二〇一二年三月、ほとんどのシロフクロウが姿を消してから発表され、この鳥がうまくやっていけなかったことを告げている。「こんなところまで来てしまった鳥の九九・九パーセントは、元のすみかにたどり着くことはない」と、ある野生動物リハビリテーターは説明する。『ニューヨークタイムズ』に引用されている別の専門家も同意見だ。「この鳥たちは餓死しかけている」と、その専門家は言う。「間違いない」。この談話によれば、ためらいもなく危険なほどの距離まで近寄るバードウォッチャーやカメラマンにフクロウの多くが悩まされていることは、何の助けにもなっていない。この悲劇さえなければ魅力的な物語の、悲しい幕切れだ。
ただそれは、悲劇が本当であればの話だ。

シロフクロウとの遭遇

その十二月に私は、オレゴン州ユージーン市のすぐ西にあるフェーン・リッジ貯水池で、シロフクロウが見られるかもしれないとの情報を得た。オレゴンでは、何年も見られなかったシロフクロウが五、六羽、すでに報告されていた。オレゴン州アルバニーの退職者村の裏手にいる有名な鳥は、何百人もの観客を集めていたが、私は見に行っていなかった。代わりに私は、もっと人けのないユージーンのほうを追ってみることにした。

フェーン・リッジは大きく浅い池で、冬には洪水調節のために水が落としてある。十二月にはほとんどの範囲で泥底が露出し、一九三〇年代に伐採された木の切り株が点在している。泥底は幅五キロ、ほとんど完全に平らで、月面の光景に似ている――あるいは、シロフクロウの鋭敏な目にとっては、北極のツンドラに似ているのかもしれない。ハヤブサ、ハクトウワシなどの猛禽は好んで切り株にとまるが、そこで地元のバードウォッチャーが丸く白い塊を写真に収めており、シロフクロウではないかと思われていた。あいにく、この一帯は近づくのに非常に骨が折れた。

何かがはっきりとわかるまで近寄るただ一つの方法は、足を取られながら泥底を歩いて渡ることだ。私はゴム長靴、スポッティング・スコープ（訳注：三脚に据えて使用する高倍率の単眼鏡）、カメラを車に積んで、肌寒い月曜の朝にフェーン・リッジへと向かった。

その場所には人っ子ひとりいなかった。湖床の端からだと私の肉眼では、地平線まで続くような泥また泥のほかに何も見えなかった。だが高倍率のスポッティング・スコープでよく見ると、白い点が遠くの切り株の上にあることに気づいた。それは六〇倍に拡大しても、まだ遠すぎてはっきりしなかったが、シロフクロウかもしれなかった。あるいは牛乳のポリ容器かもしれないが。私は車をロックし、ゴム長を履き、スコープとカメラを担いで月面へと歩き出した。

最初に目撃した人がなぜもっと近づこうとしなかったのか、すぐにわかった。泥が長靴の底にまとわりつき、ガボガボと音を立てながらゆっくりとしか歩けなかった。じりじりと湖床の真ん中へと進むにつれて、地面は軟らかくなり、私の足は一歩進むごとに一五センチ潜った。二、三度、長靴が泥から抜けなくなって、私はよろめいて前に倒れ、カメラを守るために手袋をはめた手をぬかるみに突いた。投棄された船外機、タイヤ、ビール瓶が切り株のあいだに散乱し、黒い沈泥になかば埋まっていた。夏のあいだは、ウィンドサーファーやヨットが私の頭の上を疾走していたのだろう。今は、私が人のいないぐちゃぐちゃの泥の中で足を引きずり、気温四℃の天気に上着の中で汗をかいている。

ときどき私は足を止めて、遠くの白い点に視線を走らせたが、それは依然かげろうにぼやけ、微動だにしない。それにいくらがんばっても、私はほとんど動けなかった。それがシロフクロウなのか、ほかの何かなのか、はっきりとしなかった。

その小さな点が何か、判別できるようになるところまでたどり着くのに、一時間以上かかった。それまでに、私は車から一キロ半ほどのところに来ており、まわりじゅうを不毛の泥にすっかり取り囲まれていた。小柄な海鳥、ハマシギの小さな群れが、冷たい風に乗って湖底の上をくり返し旋回しているほか、動くものはなかった。

　しかし努力は報われた。ようやくスポッティング・スコープを立ててのぞき込んだとき、私は息を呑んだ。視野いっぱいに、北極の夏の黄金色をした目と、北国の冬の白い身体を持つ、正真正銘のシロフクロウがいた。それは、鋭く厳しいがどこか珍しいものを見るような視線を送っていた。私たちは数分間互いに観察しあった。フクロウはお気に入りの切り株に陣取っており、写真を二、三枚撮るあいだに、私の長靴はゆっくりと履き口まで泥に沈んでいった。フクロウはほぼ真っ白で、おそらくは大人のオスであることを示していた。映像が鮮明かどうか確かめるためにズームインしたとき、鳥の白い胸に血の痕があることに気づいた。

「あごにお弁当ついてるぞ」私は言った。フクロウは目を閉じ、まどろみに落ちた。

　何を食べたんだろうと、私は考えた。レミング——シロフクロウのいつものおやつ——は、はるか彼方だ。ハツカネズミやハタネズミが、周囲の泥の中に隠れているとも思えなかった。複雑な渦を描いて勢いよく飛ぶハマシギを捕まえられたのだろうか？　それとも闇にまぎれて近くの湖までふわりと飛んでいき、水面にいるカモをさらったのだろうか？　フクロウは何も語らず、血痕以外に痕跡を見せなかった。スフィンクスのようにじっとしたまま、抜けかけの羽だけが二、三枚、微風にそよいでいた。

　私は、また泥水が溜まった自分の足跡をたどって車へと戻り、このシロフクロウの生活状態についてじっくりと考えた。必ずしも飢えているようには見えなかった。ずっとこのあたりにいて、ほかのバードウォッチャーも楽しませてくれればいいと私は思った。

　だが、鳥は翌日にはいなくなっていた。見に行ったほかのバードウォッチャーたちは骨折り損になった。シロフクロウは、アルバニーにいたもののように、数週間からときには数カ月とどまってアメリカ北部の農地、郊外、農村に冬のなわばりをつくっているものもいる。こうしたものが新聞やテレビで取りあげられるのだ。フェーン・リッジのフクロウは静かに通りすぎただけだった。

北極圏からハワイまで

シロフクロウの爆発的増加ははるか昔から起きている。この鳥に特徴的な白い身体、黄金色の目、丸い体型は先史時代のヨーロッパの洞窟壁画に、他の動物と共に見られる。おそらく種を識別できる最古の鳥の絵だろう。

この種は近代の学名の父であるリンネ本人によって一七五八年に分類されている。近年のDNA研究は、シロフクロウがアメリカ大陸のアメリカワシミミズクや旧世界の数種のワシミミズク類、その他のワシミミズク属と近縁種であることを示している。ただしシロフクロウの頭は丸く見える。その羽角はとても小さく、普通は隠れているのだ。

シロフクロウは北米のフクロウでは一番体重が重い。私がフェーン・リッジへ出かけてから一カ月ほどして、ある写真家がシカゴの市立公園で、ハヤブサと渡ってきたシロフクロウとの遭遇を写真に収めたことにより、このことが劇的な形で示された。地面に座り込んでいたフクロウは、突然ハヤブサのたび重なる急降下攻撃にさらされた。ハヤブサは近所に棲んでいた。競争相手と思われるものを追い出したかっただけなのだろうが、機会があればハヤブサが、大きくて脂がのったフクロウを食べることも考えられなくはない。私は一度、空腹のハヤブサが小振りなアナフクロウを殺すところをカリフォルニアで見たし、コミミズクを食べたという記録もある――もっとも反対に、アメリカワシミミズクがハヤブサの成鳥を殺したこともあるが。守勢のシロフクロウはきわめて興奮し、羽毛を膨らませ、毎回の攻撃に備えて空中に小さく飛び上がりながら後方に宙返りし、ハヤブサが向きを変えるにつれて防御のために爪を上に向ける。双方とも最大音量で金切り声を張りあげ、五分にわたる攻防をくり広げた末、ハヤブサが諦めた。カメラマンは引き分けだと言った。

歴史的な文脈では、二〇一一年から二〇一二年にかけての爆発的増加事象は多くの通算成績を破るものではなかった。ワシントン州では一〇〇件近い目撃例があったが、一九一六年の一〇〇〇件にはおよばない。しかも百年前より桁違いに多くの観測者がいたのにだ。なるほど、ハワイやテキサスで個々のシロフクロウは多くの注目を集めたが、こうした目撃例もそれほど驚くようなものではなかった。シロフクロウは漂鳥であり、放浪の傾向があるからだ。

ハワイの鳥は船に乗ってきたのだと言う者もいるが、自力で太平洋を越え三〇〇〇キロを飛んできた可能性のほうが高い。北極圏とハワイを直接行き来する船は多くないし、シロフクロウは陸地を遠く離れて放浪することが知られている。たとえば二〇一二年には、アラスカ本土と日本の中間にあるシェミア島でも一羽が姿を現している。長年にわたって、シロフクロウはアリゾナとニューメキシコを除くアメリカ国内のすべての州で、しばしば海岸沿いでも記録されている。

二〇一二年の爆発的増加のよかったところは、しっかりと記録されていることだ。バードウォッチャーが目撃情報を一つの総合的なデータベースに記録できるeバードというウェブサイトのおかげで、どこにいてもシロフクロウの侵入を自分のコンピューター画面で見られる。何回かクリックするだけで、ほとんどのシロフクロウの記録を地図上で見ることや日付順に並べ換えることが、初めてできるようになったのだ。こうした管理によって、バードウォッチャーが全国から集めたデータのより精密な分析が可能になり、さらに興味深い結果が蓄積される。

地図を見ると、二〇一一年に南へやって来たシロフクロウの大部分が、アメリカの中央部に集中しており、グレートプレーンズの数字が特に印象的であることは明らかだ。太平洋岸北西部と北東部の数字は平均を超えているが、それほど遡らなくても、これらの州にもっと多くのフクロウが飛来した年は見つかる。中西部では対照的に、シロフクロウはどこにでもいた。この地域では二〇一一年の侵入が史上最大だったかもしれない。eバードのおかげで、爆発的増加に地域差があることがわかる。だが、それがどのようにして起こったかの説明にはなっていない。

冬になると定期的に侵入してくる鳥はシロフクロウだけではない。グーグルに「bird irruption」と打ち込むと、たとえばベニヒワ、イカル、イスカ、ゴジュウカラ、コガラ類、レンジャクなどの報告が続々と出てくる。

こうした鳥すべてには共通点がある。北の果てか高山に棲むことだ。そして二、三冬に一度、普通の分布域を出て低地や南の地域に大挙して姿を現す。

このような冬季の侵入は、一般に餌不足で起きると考えられる。たとえばベニヒワは果穂を餌にする。これが不作だと、食べるものを探しにあわてて南へと飛んでいく。ゴジュウカラとイスカは針葉樹の球果に依存しており、ギンザンマシコとレンジャクは果実を求める。年により、果穂、球果、果実が同じ季節に不作になると、それを食料源としている北方のアトリ類やその他の鳥の多くが同時に、普通は生息しない南方地域に同時に侵入する。これが起きたとき、バードウォッチャーはスーパーフライトと呼ぶ。

爆発的に増える鳥には一般にほかにも共通点がある。専門食であることだ。もっと南に棲む鳥とは違って、北方地域の鳥は食餌の選択肢が少ない――だから餌が専門化するのだ。カバノキの果穂があるかぎり、ベニヒワはそれを食べていればよく、そして普通はふんだんにある。しかしカバノキが不作の年には、ベニヒワはよそへ移らざるをえない。このような専門食の鳥は、雑食性の鳥より一般に移動性が高い。きまぐれな食料供給に対応しなければならないからだ。同じことが熱帯雨林の特定の果実に専門化した、ある種の熱帯の鳥にも言える。北方のアトリ類のように、こうした鳥も果実のできが落ち込むと、広い範囲を放浪することが知られている。

ケアシノスリ、オオタカ、カラフトフクロウ、そして言うまでもなくシロフクロウなど数種の北方の猛禽も、同様の定期的な流入を見せるが、その爆発的増加はアトリ類やその他の種子食の鳥に比べるとよくわかっていない。おそらく同じ影響が上へと伝わるとき、北極圏の猛禽の主食である草食性哺乳類が、捕食者に繁栄と衰退の循環を強いるのかもしれないし、別の要素が働いているのかもしれない。食物連鎖の頂点では事態が複雑なことになるのだ。

居場所を求めて

シロフクロウについては、学べば学ぶほど、私たちは何も知らないということを知る。

一九四五年、鳥類学者のV・E・シェルフォードは、北極圏での主要な食料源であるクビワレミングの個体数が激減した翌年に、シロフクロウが南へ飛来すると述べた、短い論文を発表した。レミングは繁殖が速すぎて個体数が跳ね上がり、それからもっと空いた土地を求めて散っていくことがある。この現象から、レミングはやみくもに崖から飛び込んで集団自殺をするという間違った、しかし広く受け入れられている認識が生まれたが、それは同時にレミングの個体数がある程度周期的に変化するということでもある。シェルフォードはレミングとシロフクロウの数のデータを集め、まとめてグラフに表し、あるパターンが見つかったと考えた。

これは筋が通っているように思われる。レミングの個体数が急減すると、シロフクロウは食べるものが少なくなり、餌を求めて南を目指す。シェルフォードの論文は、いくつかの資料のデータをつぎはぎしたもので、具体例の詳細な検討にあまり紙幅を割いていなかった。この考えは誰にでも理解しやすかったのですぐに受け入れられ、数十年にわたって個体群動態の典型例として使われていた。多くの資料はやはり、シロフクロウの爆発的増加はレミングの欠乏(ある研究によれば、平均して三・九年に一回発生する)によって引き起こされることを示している。

問題は、シェルフォードの理論を裏付けるたしかな証拠がほとんどないことだ。爆発的増加が何らかの周期に従っていることを証明するのは難しい。アメリカ本土でのシロフクロウの出現を示したグラフは、見る人間によって見え方が違う。ヒトはくり返しを好むので、規則的に間隔が開いた突出部分を見いださないようにするのが難しい。シロフクロウの周期を支持する人たちは、たいてい次のように言う。爆発的増加が三年から五年——ただしたまに六年——ごとに起きている。爆発的増加の翌年にときどき、常にではないが、小さな「なごり」がある。循環が完全に抜けることがある。そして本当に大きな爆発的増加は通常十五年ごとに起きる――ただし十年のこともあれば二十年のこともあり、たまに続けざまに起きることもある。過去二、三十年のシロフクロウの目撃情報を表にしたものを見ると、規則的な間隔があるような印象を受けるが、さざ波の中から波を選り分けるのはやっかいだ。本格的な研究一つから、何らかのパターンを定量化することは不可能だ。シロフクロウのピークの年は、少なくとも研究されている規模では、まったく予測できない。

また、レミングの数が広大なツンドラの端から端までで、同じような傾向に従っているようには思えない。ある地域の個体数がピークを迎える一方で、百数十キロ離れたところに棲む仲間は激減していることもある。シェルフォードの元の論文でさえ、レミングのデータには地域が違えば違う傾向を示すものがあると指摘している。近年の研究は、レミングの個体群はおそらく、大陸全体にわたってまとまっているわけではなく、つぎはぎの勢力であろうということを示している。

シェルフォードは、シロフクロウが普段一箇所の生息地域にとどまっていると決めてかかっていたようだが、この鳥は相当動き回る。シロフクロウは非常に移動性が高く――すぐに食べられる餌を探しているのだろう――爆発的増加のない冬でも多くが南へ移動する。グレートプレーンズ北部とニューイングランドの地域では、毎年シロフクロウを迎えている。このため、爆発的増加とは厳密に何から成り立つのか、定義しにくくなっている。何羽から異常になるのだろう？　フクロウの集中度は、越冬地の中で年々変わっている。ある冬には、北東部のほうに多くのシロフクロウがいたかと思えば、北西部によりに集中していることもある。二〇一二年には、eバードが示したように、中西部に大挙して押しよせた。

フクロウの数が、少なくとも部分的には、レミングの数と相関関係にあるのは確かなようだ。なにしろ健康なフクロウの成鳥は、生きていくだけでも一日に約五匹のレミングを必要とするのだから（これが不思議なのだが、シロフクロウは朝起きて「よし！　レミングを朝一匹、ブランチに一匹、昼に一匹、夕飯に二匹食べよう！」などと考えるのだろうか？）。しかし、爆発的増加がレミングの個体数の変動によって起きるのなら、シェルフォードが考えたよりも局地的なものとなるだろう。だからシェルフォードの説明――レミングの急減がシロフクロウの南への移動を引き起こす――だけが理由のすべてではないのかもしれない。

二〇一二年のシロフクロウの侵入は、北極圏の多くの地域でレミングの個体数がかつてなく多かった季節に続いて発生した。その夏、フクロウの暮らしはいつになく楽で、平均的な巣では最高七羽から八羽のひなが育った。普段は二羽ほどだ。この若いフクロウたちは思いがけず、居場所を取りあって争うはめに陥った。なわばりが制限要因となり、フクロウの中には南へと向かうものが出た。レミングが少なすぎたのではなく、フクロウが多すぎたようなのだ。

これが正しければ、アメリカ本土四八州で見られたフクロウの意味合いは少し違ってくる。彼らは全部が飢えていたわけではなく、居場所を探していただけなのだ。

シロフクロウが飢えているという憶測が広まっているが、その多く、あるいはほとんどは健康状態がいいように見える。二〇一二年には、アメリカでの数千にのぼるシロフクロウの観察記録の中で、飢えから死亡した鳥に触れたものはわずかしか見つからなかった。残念なことに、人間が関係する傷害のほうがよく起きている。カンザス州のある鳥類学者が、五羽のシロフクロウの死骸を調べたところ、そのうち三羽は車と衝突しており、一羽は列車にぶつかり、一羽は電線で感電していた。その近くでは一羽が密猟者に撃たれ、一羽が電線にぶつかってコンクリートの上に落ち、翼を折った。ネブラスカ州では車両と衝突して翼を折ったフクロウが五羽見つかり、さらに二羽が感電死している。オンタリオ州では、電柱の碍子（がいし）に脚を取られて、てっぺんから白いポリ袋のようにぶら下がっている鳥の写真が撮影された。マサチューセッツ州で死んでいるのが見つかった五羽のシロフクロウの死因は、すべて外傷だった。普段のすみかである北極圏では、シロフクロウはそのようなものを気にする必要がないのだ。

カナダのアルバータ州での広範囲にわたる研究で、もっとも一般的なシロフクロウの死亡原因は、多い順に自動車、感電、銃創、未確認物体との衝突であることがわかった。死因がわかっているもののうち餓死によるものは一四パーセントにすぎず、ほとんどのフクロウが命を落とすことなく冬を越している。アルバータで調査した全標本（その大部分は外傷で最期を迎えている）の半数以上に健全な脂肪の蓄積があり、しっかり食べているだけでなくエネルギーの予備を蓄えていることが明らかになっている。

なんでも食べるシロフクロウ

それでは彼らは、実際のところ何を食べているのだろう？　越冬中のシロフクロウは、レミングが手に入らないので、驚くほどなんでも食べる。アリューシャン列島でシロフクロウは、小型の海鳥の一種であるウミスズメを餌に生き延びていると、ある研究では記録されている。シェトランド諸島では、このフクロウは主にウサギを食べている。アルバータではハツカネズミとハタネズミに専念している。オレゴン州で調査されたペレット（訳註：吐き戻した不消化物の塊）には、主にクマネズミの残骸が見られる。カナダのブリティッシュコロンビア州にある岩だらけの島で越冬するシロフクロウのペレットに関する研究では、ここのフクロウが鳥だけを食べて生きていることがわかっており、二〇種を超える被捕食者が特定されている。ほとんどはカモ類とカイツブリ類だが、かなりの数のカモメ類、二、三種のシギ・チドリ類、さらにはコミミズクまでが含まれていた。特に攻撃的なシロフクロウが十分に成長した野良猫をさらうところが、ニューヨーク州のジョン・F・ケネディ国際空港で観察されたこともある。二〇一〇年にはカナダのマニトバ州で、シロフクロウがミニ・ヨークシャーテリアを、飼い主がリードを握っているというのに連れ去ろうとした。幸い機転の利く飼い主が、さらわれかけた犬をフクロウから引き戻した。犬はショックで痙攣を起こしたが、無傷だった。シロフクロウは並はずれた視力と聴力を持つ獰猛なハンターで、楽に獲れるものならなんでも食べるようだ。メスはオスよりも大きな獲物を捕まえる傾向がある。

越冬中のシロフクロウは、日がな一日座り込んでおり、実に簡単に近づけることが多いので、衰弱しているのではないかと考えるのは無理もないことだ。シロフクロウの成鳥には人間以外にほぼ敵がないので、非常になれているように見え、また交通の危険にもかなり無頓着だ。この鳥は、猛スピードで通りすぎる車もあまり気にせずに、ハイウェイの路肩にとまる習性で知られている。越冬中のシロフクロウは、日中の時間の九八パーセントをじっと座って過ごし、狩りは主に暗くなってから行なうようだ。極北ではもちろん、夏は日中、冬は同じように闇の中で狩りをしなければならない。

シロフクロウの研究が難しいのは、その放浪癖のためだ。ある研究者が北極圏で、一〇〇〇羽からなるシロフクロウの個体群をひと夏見張ったが、その中の一羽として翌年には現れなかったというがっかりな結果に終わった。別の研究者がカナダ北部のビクトリア島で七羽のシロフクロウのひなに脚輪をつけ、どこまで行くのか明らかにしようとした。驚くなかれ、そのうち三羽が七カ月以内に移動していた。一羽は二一七〇キロ離れたオンタリオ州アタワピスカットまで、もう一羽は三一四〇キロ離れたオンタリオ州クライドフォークスまで、一羽は五五五〇キロ離れたロシアのサハリンまで。最後の一羽は北極北アメリカの半分を旅して、過酷なベーリング海を渡ったのだ。

だから私たちは爆発的増加の原因を理論だてることはできるが、その理由はフクロウ自体と同じくらい謎のままだ。シロフクロウがなぜ普段の分布域の南に現れることがあるのかは、誰にもわからない。レミング個体数の急減のためかもしれないし、レミング個体数がピークになったからかもしれないし、まったく別の何かかもしれない。レミングは分布がまばらなので、もっと広範囲にわたる影響——たとえば天候——のほうが大規模なフクロウの爆発的増加事象をうまく説明できるかもしれない。いずれにしても、たまにカナダ以南に姿を現すシロフクロウは、一部の報道で言われるよりも栄養状態がいい。

二〇一二年、『ウィークリーワールドニュース』は独自の理論を発表した。この自称「世界で唯一信用できる」情報源の報道によると「敵対的なシロフクロウ」がアメリカに押し寄せ、「宇宙人の軍隊に協力してアメリカ市民を攻撃している」という。この記事によればフクロウは二〇一一年十一月に地球に飛来したグータン星人と内通しており、ちなみにグータン星人はペルーでイルカを殺しているのだそうだ。

誰がウソだと言い切れるだろう。今度シロフクロウを見かけたら、あまり近づかないほうがよさそうだ。用心に越したことはない。

放浪癖とDNA

「放浪する者すべてが、迷う者ではない」と、かつてJ・R・R・トールキンは書いた。バンパーステッカーに書かれた多くの金言のように、この警句には科学的事実の要素が含まれている——そしてそれは、シロフクロウに特にふさわしい。このフクロウたちは放浪生活を定住への足がかりとしてではなく、究極の生存戦略として身につけたのだ。シロフクロウは「進化の終着点に到達しているようだ」と、作家のカレル・フォーユスは述べ、この鳥の放浪癖は予測不能な北極圏の環境に対する完璧な反応であることを示唆している。シロフクロウは目的があって放浪しているのだ。

この鳥がどれほど長くさすらうかを、私たちはようやく認識しはじめたばかりだ。新しい衛星技術は、鳥の動きについての私たちの知識を根本的に変えている。一九九九年、アラスカ州バローにあったシロフクロウの巣で、数羽のメスの成鳥に初めて発信器が取りつけられた。営巣期が終わったフクロウが別々の方向に飛び立ち、最大三一五〇キロを飛んでシベリア北部やカナダのビクトリア島に到達したことがわかると、研究者は目を見張った。翌年、一羽としてバローの巣には戻ってこず、六三〇から一九三〇キロ離れた場所で夏を過ごしていた。ベーリング海を何度も渡り、数週間連続で海氷の上に居座っていたものまで何羽かいた。そして通常の渡りのパターンに従っているものはいないようだった。フクロウは以前に訪れた場所に戻ることもあったが、夏と冬の分布域を往復するというより、北極圏の広大な範囲をおそらく食べるものを求めて放浪していたのだ。

この研究に刺激されて、シロフクロウの追跡がさらに行なわれた。二〇〇八年のカナダ北部での調査では、意外にも六羽のメスの成鳥がほぼひと冬を、陸地から遠く離れた海氷の上で過ごしたことがわかった。レミングは凍った海にはいないので、フクロウは小型哺乳類の代わりにケワタガモ——大型のカモの一種——のような海鳥を狙っているのだという結論に研究者は達した。シロフクロウは以前考えられていたほどレミングに依存していないのかもしれない。普段どおりのツンドラの生息域でも、鳥、キツネ、その他の動物の捕食が記録されている。シロフクロウが海を越えて長距離を飛び、海氷上で暮らすのをいとわないことは、これまで認識されていなかったある適応を暗示している。

シロフクロウ追跡の王者はノーマン・スミスだ。マサチューセッツ州の野生生物博物館館長で、一九八一年から五〇〇近い個体をボストンのローガン空港で捕獲してきた。毎年冬、シロフクロウがローガンのツンドラに似た飛行場に現れると、これを安全に移動させるためにスミスが呼ばれる。スミスは二〇〇〇年から衛星通信タグをフクロウにつけ始め、非常におもしろい結果を得た。ボストンで越冬するシロフクロウの多くは、ケベック州北部からハドソン湾を越えてカナダのヌナブト準州までの高緯度北極圏に、これほど南で冬を越したあとでも良好な健康状態で戻るのだ。大半はマサチューセッツには戻らないが、戻ってくるものも少しいる。スミスはローガンで、十六年前に脚輪をつけたフクロウを捕まえ、判明しているかぎりで野生では最高齢のシロフクロウの記録を作った（衛星発信器の電池は一年から三年しかもたないので、シロフクロウが何年生きるのかを知るのは難しい。飼育下での記録は二十八年で、野生のシロフクロウもそのくらいになるだろう）。

ヨーロッパと北米の北極圏で行なわれた追加の衛星調査で、健康なシロフクロウの成鳥は習慣的に数千キロを放浪することが確かめられ、カナダ以南に現れる鳥が新たな視点から説明された。シロフクロウの生活の中で、そのくらいの長距離を飛ぶことは大したことではないのだ。普段は南へそれほどの距離を飛ばないので、私たちの目に留まらないだけだ。

このような放浪癖は野生動物には珍しいが、一部の人間には共感できるかもしれない。地平線の彼方に消えることを夢見たことのない人がいるだろうか。シロフクロウにとって、転居は漠然とした夢想ではない――生き延びる手段なのだ。

ワンダーラスト（放浪癖）という語は、中世ドイツの見習い職人に由来を遡ることができる。彼らは街から街へと旅して、親方になるまでに実技を身につけた。同様の伝統は今もフランスに残っており、若い職人（コンパニョン）が国内を旅しながら研修施設で働く、ツール・ド・フランスの名で知られるものがある（同名の自転車レースとは無関係で、こちらのほうが古い）。オーストラリアのアボリジニに伝わるウォークアバウトからアメリカ先住民のビジョン・クエスト、アーミッシュのラムスプリンガまで、世界の多くの文化が、成人するための旅という伝統を発達させており、これは若いシロフクロウが巣立ちのあとでうろつきまわることと対比できるだろう。しかし放浪の本能はシロフクロウのほうにより深く埋め込まれている。彼らは生まれながらに筋金入りの放浪者であるようだ――いくらかの注目に価する例外を除けば、人間よりも放浪好きなのだ。

一九九五年、『ニュー・インターナショナリスト』誌の特集記事は、非定住民が世界に三〇〇〇万から四〇〇〇〇万人おり、その大部分は遊牧民だと推定した（昔ながらの狩猟採集民はほとんどすべて近代的生活に屈した）。アラビアのベドウィン、モンゴルの部族、アフリカのトゥアレグ族のように、彼らは恒久的な家を持たず、移動し続けることを好む。筆者は、ほとんどの遊牧民が「砂漠、ステップ、ツンドラのような辺境地に暮らしており、そのような場所では、広い土地に不均等に散らばった乏しい資源を採取するために、移動が理にかなった能率のよい戦略となった」ことを強調している。これはほとんどシロフクロウの話をしているも同然だ。同じ環境で、ヒトと北極圏のフクロウは同じ生存戦略を選択したのだ。

人一倍放浪癖が強い人がいるようだ。この傾向は私たちの遺伝子にコードされ、遠い祖先にまで遡るのかもしれない。現生人類は六万年から三十三万八千年前にアフリカの故郷を離れ、世界中に定住したことが、遺伝学的に証明されている。なぜ最初の人類は出発したのだろう？　残った人々よりも冒険好きだったのだろうか？　おそらく落ち着きのなさには遺伝的要素があるのだろう。そうだとすれば、移住者は、本国に残った人より、放浪癖をＤＮＡに多く持つ集団を確立していると予想されるだろう。科学者は、７Ｒと呼ばれる特定の対立遺伝子をヒトのＤＲＤ４遺伝子に発見しており、それがこの説明に当てはまるかもしれない。これは注意欠陥・多動性障害や新しいものへ引きつけられる傾向に関係があるとされ、冒険遺伝子とあだ名されている。研究により７Ｒ対立遺伝子を持つ人は、持たない人より経済的リスクが二五パーセント高いことを記録している。説得力のある話として、この対立遺伝子は、最近確立された集団（人類の拡散の歴史という観点で）に集中している傾向がある。アメリカ大陸の人々はほとんどこれを持っており、ヨーロッパには少なく、アジアの一部ではまれだ。この「放浪遺伝子」は新しい経験を求めるために、文字どおり組み込まれているのかもしれない。

シロフクロウは放浪遺伝子を持つのだろうか？　彼らは移動への衝動を強い力として感じているようだ。その衝動は、不安定な食料源を長きにわたり追っていたため、研ぎ澄まされた本能に駆り立てられているらしい。いつか私たちは、シロフクロウを駆り立てるものを正確に知るだろう。今のところ、白い北極の亡霊がどこかに姿を現したとき、私たちにできるのはその訪れを楽しむことだけだ——すぐにフクロウは、地平線のかなたへとふらりと帰っていくのだから。つかのまの記憶だけをあとに残して。

闘うハチドリ

コスタリカにあるボスケ・デル・リオ・ティグレ・サンクチュアリーロッジの経営者リズ・ジョーンズは、家の近所のハチドリに餌づけするのを諦めたという。

「十年くらい前に初めて砂糖水を入れたフィーダー（餌台）を置いた」と、草木が生い茂るロッジの正面玄関の外で、彼女は説明してくれた。熱帯の朝の熱気の中、私たちは汗をかいていた。「鳥たちがフィーダーを見つけるまでに何カ月かかかったけれど、見つけてからはとても積極的だった。九種類のハチドリが定期的にやってきて、庭に巣を造った鳥もたくさんいた」。

これがどれほどすごいことか、私には想像できた。フィーダーは屋外ダイニングからよく見える位置にあり、客は食事をしながら鳥の行動を観察することができるからだ。バードウォッチャーは毎晩ワインをすすりながら、ブロンズハチドリ、エメラルドカンムリハチドリ、ハシナガハチドリ、アオボウシモリハチドリ、シロエリハチドリを初めて目の当たりにして喜んだ。

フィーダーを設置して二、三年は何ごともうまく運んだ。気性の荒いハイバラエメラルドハチドリがやってくるまでは。全長一〇センチ、五セント硬貨ほどの重さで、金緑色の身体、赤い槍のようなくちばし、レンガ色の尾を持つ美しい鳥だ。だがそれは、ほかのどのハチドリよりも意地が悪く、そのことを片時も忘れさせてはくれない。自分が砂糖水をむさぼっていないとき、この攻撃的なハチドリは、ほとんどいつもほかの鳥を追い払ってばかりいた。こいつはリズが見た中で一番小さな雄牛だった。

フィーダーを移動させてみても、この鳥は一緒に動いた。フィーダーを増やして、どうやっても全部の番をできないようにすると、別のハイバラエメラルドハチドリが現れ、力を合わせて庭のすみからすみまで新参者を寄せつけなかった。庭には絶えずミニチュアの空中戦の音が轟いていた。一つだけ残してフィーダーを片づければ、一箇所に群がったほかのハチドリにハイバラエメラルドハチドリが圧倒されるだろうと思ってやってみたが、防戦が楽になるだけだった。フィーダーをロッジの中に設置することまで試した。臆病なユミハシハチドリの一種が、矢のように屋内に飛び込んで素早くすることを覚えたが、残念ながらほかの熱帯ハチドリには見つけられなかった。

ほどなくして、ほかのハチドリはまったく姿を見せなくなり、ハイバラエメラルドハチドリだけがただ一つのフィーダーの脇に何時間も居座るようになった。間違いなく、彼は無限の食料源の支配者として生活を謳歌していたが、やってくるバードウォッチャーをあまり楽しませなかった。

「つまらなくなった」と一部始終を語ったあとでリズは私に言った。「ハイバラエメラルドハチドリはほかの鳥を追い払ってしまった。それまではいろいろなハチドリが飛び交っていたのに、連日この鳥だけしか来なくなってしまった」。

五年後、さらに数羽のハイバラエメラルドハチドリがやってきた。彼らは力を合わせて、ほかの種類のハチドリを一羽たりとも、フィーダーはもちろんロッジのまわりに一切近づけなかった。かつては花々のあいだに数種類が巣を造っていた庭に、今やこの一種だけとなってしまった。

リズは住み込みのいじめっ子を甘やかすのに飽き飽きした。彼女はフィーダーを片づけ、二度とハチドリを呼ぼうとはしなかった。フィーダーをなくせば、置く前のように、バランスよく多彩なハチドリが戻ってくるのではないかと期待した。たしかに臆病なハチドリがいくらか帰ってきたが、それも少しずつだった。

まったくわけがわからない。フィーダーは無限に蜜を与えた。空になりかけると、いつもリズが補充していたのだ。仲良くできさえしたら、ハチドリたちはケンカに無駄なエネルギーを消耗することなく、食べたいだけ食べることができたのだ。なぜ彼らはそうまで利己的なのか？　ハチドリはかしこいと考えられている。体重との比率では、たぶん鳥の中で世界最大の脳を持っているのだ。それなのに理にかなった行動をとらない。理解できないことだ。

小さなジェット戦闘機

ハチドリはとても小さく、しばしば最上級で描写される。世界でもっとも小さな鳥にして、もっとも小さな温血脊椎動物（二、三の地味なトガリネズミ類以外では）である。キューバに棲むマメハチドリは、体重がわずか一・八グラムしかない――プリンター用紙の三分の一ほどだ。最低料金で一六羽を郵送できる。

大部分のハチドリはそこまでちっちゃくはないが、どれも小柄だ。アラスカとチリのあいだに生息する約三三〇種のハチドリのうち最大のもの、標高が高いアンデスの森林に棲むオオハチドリは、それでも普通郵便の切手で送れる。とは言えハチドリを航空便で送っても、彼らにさほどの利点があるわけではない。ノドアカハチドリは春と秋の渡りの時期、メキシコ湾を越えて八〇〇キロ以上をノンストップでごく普通に飛び、かかる時間は二十四時間ほどだ。アカフトオハチドリは年に一回メキシコとアラスカを往復し、体長との比率では全世界の鳥の中でもっとも長い距離を飛ぶ。

小さいことには大きな利点がある。ハチドリはほとんど捕食者に襲われない。一口サイズのハチドリはとても素早く軽いので、タカなどの襲撃者をそれほど心配しなくていい。一九八五年に行なわれたある研究では、これまでに北アメリカでハチドリの成鳥が捕食された確実な事例は一三例しかなく、そのうちいくつかの事象は「特異な」事態に分類される——カマキリ、クモ、魚、カエルによるもの——ことがわかり、北米のハチドリには「通常の意味での天敵はいない」との結論に達した。

このことを念頭に、この論文の著者はハチドリの寿命を分析した。寿命を予測するための体重の計算式とスケール因子を使って、体重三〜四グラムの概念的なハチドリは、病気、捕食、事故がなければ五・五年から六・一年生きるはずだと彼らは述べた。ハチドリが何年生きるか、実際のところは誰にもわからないが、コロラド州でのある研究は、野生のフトオハチドリ数羽が、理論上の生理学的限界を超えて、少なくとも八年生きていたと記録している。また、フトオハチドリは現在のところ、十二年というハチドリの最長寿記録を持っている。これといった捕食者がいないため、ハチドリは健康であるかぎり長生きすると考えられるだろう。あまりに小さくて動きが速いので、捕食者が気にも留めないのだ。

常にハチドリを襲う動物についての唯一公開されている報告は、ベネズエラのコウモリハヤブサのつがいに関するものだ。この小型で敏捷なハヤブサを百六十四日にわたり観察する中で、この鳥があらゆる種類の速く飛ぶ獲物を捕獲するところを研究者は見た。その中には一〇種のハチドリ、二種のツバメ、八種のアマツバメ、四種のコウモリが含まれていた。この研究者は、調査期間中につがいが約六〇〇の鳥とコウモリを消費し、そのうちの一〇〇がハチドリだったと推定した。コウモリハヤブサは、中南米の熱帯地域に比較的普通に見られ広範囲に分布するので、そうした地域ではハチドリの個体群に実質的な影響があるかもしれないが、これは天敵がいないという原則の唯一の例外であるようだ。

体が小さいことのもう一つの利点は敏捷性だ。ハチドリは後ろ向きに飛べる唯一の鳥で、飛行機よりもヘリコプターに似つかわしい軌跡を苦もなく描く。この器用さのおかげで、ハチドリは他の鳥が利用できない食物源、たとえば垂れ下がった花のようなものを利用でき、また時速五〇キロで飛び回りながら互いの目をつつくことがないのだ。

ハチドリの敏捷性にヒントを得た国防総省の研究者は、最近ハチドリに似た「ナノ・ドローン」を公表した。見事に実物そっくりの二枚の翼を持つ小さな空飛ぶロボットだ。この小さなドローンは、リモートコントロールで操縦され、空中での停止、後ろや横方向への飛行ができ、建物に素早く出入りしながら生のビデオ画像を送信することができる。軍はこれを偵察任務に使えるスパイ機として、疑いを持たれることなく標的のそばに止まらせておくことを考えている。バードウォッチャーはきっと違いを見抜くことができるだろうと思うが。試作機はハチドリと瓜二つに作られ、塗装されてさえいた。

今のところ、このドローンの主な問題点はバッテリーの寿命だ。初期型は二十秒しか飛べなかったが、その後八分にまで延びている——それでも実社会に応用するには十分な長さとは言えない。プロジェクト・マネージャーの一人は、ナノ・ドローンは自然の飛行をまねるために生体模倣を使っていると熱心に説明しているが、彼は生きたハチドリの根本的な問題点には触れなかった。ハチドリはジェット戦闘機のようにエネルギーを燃焼させるのだ。自然を忠実に模倣するなら、高性能ドローンは一日のほとんどをスパイ活動より燃料補給に費やすことになるだろう。

エネルギーという意味では、ハチドリは物理的可能性の瀬戸際で生きている。鳥は、そして他の温血動物も、熱が皮膚を通して移動するにつれ、絶えずエネルギーを失っている（顔を手で触ると、身体から体温が逃げているのを感じられる）。このエネルギーはもちろん、消費したカロリーで供給される。小さな動物ほど熱を急速に失う。体表面積が体積の割に大きいからだ（小さな氷が大きなものより溶けやすいのと同じ理由だ）。だからハチドリは他の鳥に比べて、体温を保つためだけでも体重の割にたくさん食べなければならない。もしそれより小さな鳥がいたとすれば、失われるエネルギーを補うだけのものを一日で食べることができないだろう。

大型動物は反対の問題を抱えている。熱がなかなか逃げないのだ。だから砂漠のウサギの耳は大きくてぺらぺらしており、ラクダの脚はひょろっと細長い——表面積を増やして余分な熱を捨てるためだ。冷血動物は体温損失にそれほど束縛されない。だからハチドリより小さな世界中の動物の多くは、チョウからカエルまで、決まった体温を維持していないのだ。

ハチドリの極端なライフスタイルはエネルギーに決定されている。ハチドリはその張りつめた存在を維持するため、身体的に可能なかぎりあらゆる譲歩をしている。そのような高い代謝を駆動するため、体重との割合では鳥の中で最大の心臓を持ち、それは動物の中でももっとも速く鼓動する——ハチドリの飛行中の心拍数は毎分一二〇〇回以上で、人間の最大心拍数の六倍以上だ。循環器系と呼吸器系はとてつもなく効率的で、肺は毎分二五〇回以上の呼吸を処理でき、きわめて高濃度の赤血球が酸素を筋肉に運ぶ。ホバリング飛行の代謝要求はきわめて高いので、ハチドリはたいていの動物より多くの酸素を消費する。

このすべてが大量の燃料を必要とする。ハチドリは毎日決まって自分の体重以上の蜜を摂取する。それは三カロリーから七カロリー――人間で言えば朝食から夕食のあいだに百数十キロのハンバーガーを食べているのに匹敵する――に相当し、その八〇パーセントを腎臓経由で排泄する。私たちが一日に七五リットル排尿するようなものだ!

だがそれだけでは終わらない。通常速度で動き続けたとしたら、ハチドリはひんぱんに燃料補給をしなければならず、寝ることもできなくなる。だからハチドリは、夜にはエンジンを切って体幹部のエネルギー消費を死ぬ寸前の休眠状態にまで下げる。眠っているハチドリは、生命の徴候がわかるかわからないかまで体内温度を下げる。心拍数はゆっくりになり、呼吸は感じるのが難しく、代謝は九五パーセントも低下する。この仮死状態のあいだ、ハチドリは目覚めることができない。夜明けの二、三時間前、何かが脳の中でひらめき、身体を震わせはじめるように信号を送る。約二十分後、ハチドリは息を吹き返し、そして日の出のころを静かに過ごしてから、朝食を求めて飛び立っていく。

燃料は常に満タン

餌づけしている人ならみんな知っているように、ハチドリはちっともかわいくない。庭にフィーダーを置いていると、ハチドリがそこらじゅうで乱闘を始め、互いにたたき落とし、爪を立て、ぼろぼろにするのを見てぞっとすることがある。

「ハチドリはただかわいくて小さくておもしろい鳥だと思って、甘いイメージを抱いていた」と、心配したブロガーがあるとき書いていた。「そんな思ってもみなかった暴力を見てショックだった」。

アラバマ州のあるバードウォッチャーは「裏口のポーチに座っていると、ミニチュアのヘリコプターが頭上でうなる小人国の戦場に座っているようだ」とこぼす。メイン州の庭師は言う。「ハチドリはみんなから愛されるが、ほかのハチドリからは愛されない。いったい何のためにフィーダーには止まり台がいくつもあるのだろう。まさに彼らの本能が、互いの戦争状態を持続させているのだ」。

アステカ人は暴力について少しばかり理解しており、はるか昔にこのことに気づいて、ハチドリを戦争の神に指名していた。ウィツィロポチトリは、大ざっぱに訳すと「左側のハチドリ」という意味で、世界の終わりを押しとどめるために、ときどき人身御供を要求した。この神は普通、羽のついた頭を持つ者として描かれ、あまりにまぶしく輝くので、兵士たちは盾の矢傷ごしでなければ見ることができなかった。アステカの戦士が戦いの中で死ぬと、ハチドリとして生まれ変わると信じられていた。

私はハチドリの本当の凶暴さを、コスタリカの高地である午後に経験した。サンホセを見下ろす人里離れた砂利道を歩いているとき、何かが足元の溝の中でうごめいているのに気づいた。私はかがみ込むと、絡みあった二羽のヒノドハチドリを何気なく右手の指で包み込んだ。

私がすくい上げるまで、二羽は私に気づきもしなかった。ケンカに夢中になりすぎて、溝の底できらきら光る小山のようにもみあううち、まわりのことなど眼中になくなってしまったようだ。握った手の指のあいだからにらんでいる小さなアステカの戦士たちの顔を私は見つめながら、これをどうしたものかと迷っていた。

ハチドリには相手に重大なダメージを与えるような武器はない。くちばしは見かけより軟らかく繊細なので、ハチドリが相手の腹を突き刺したという話はたぶん大げさだ。その上、長いくちばしは接近戦では役に立たない。レスラーなら誰でも、格闘戦に槍を持ってくるなと言うだろう。

ハチドリのくちばしは驚くほどよくしなり、槍というより弾力のある飛び込み板のようだ。この柔軟性は二〇〇四年になるまで認識されていなかった。マーガレット・ルビーガという研究者は、空中でミバエを捕まえるハチドリの超高速映像を分析して、その下あごが、一本の骨でできていて他の鳥のくちばしにあるようなちょうつがい関節を持たないのに、二五度も曲がることを実証したのだ。このような機構であるために、ハチドリは飛んでいる小さな昆虫を追いかけながら、くちばしを大きく開けることができ、また、くちばしがまっすぐに戻るとき、一〇〇分の一秒以下でパチンと閉じることができるのだ。これはハエトリグサに使われているのと同じ物理機構だ。

ハチドリの脚も同じように傷をつけられるほど強くない。それはとまる枝を掴むのがやっとで、木にとまっているハチドリは、飛び立って姿勢を変えなければ、一八〇度方向転換できず、まして平らな地面を歩くことなどできはしない。しかしそれでもこの鳥は、絶え間のない小競り合いをやめようとはしない。

争いを鎮めるただ一つの方法は、戦士たちを引き離すことだ。私は手の中のヒノドハチドリを慎重に引きはがし、左右の親指の爪の後ろからにらみあう二羽をそれぞれの手に一羽ずつ持った。それから和解を願いながら、反対の方向に放した。ともかく私が突然現れたことで、彼らの取っ組みあいは中断された。

ハチドリは一般に単独生活を送り、食料源の近くでだけ互いに接触する。交尾は素早く済まされる。春の短い期間を除いて、メスはオスのなわばりに入ることを許されず、ほとんどの種のオスは巣造り、抱卵、ひなの世話を手伝わない。だからハチドリの群れを見ることがないのだ。何種類かの熱帯産ハチドリのオスは繁殖期に集まって、森林の密生した低木層に群がってとまり、メスを惹きつけるためにさえずるが、大半のハチドリはかたくなに非社交的だ。

カリフォルニアのシエラ・ネバダで行なわれた移動性のアカフトオハチドリの研究では、この鳥がどれほど利己的かを測定しようとした。ハチドリが満腹になるまで蜜を吸ったら花を守るのをやめるか、詰めこめるかぎり一日中がつがつ食べ続けるのだろうかという疑問を、研究者は持った。ハチドリは、必要な分だけの蜜を消費する「タイム・ミニマイザー」なのか、それとも食べられるだけ食べる「エナジー・マキシマイザー」なのか？

初め、結果はアカフトオハチドリがタイム・ミニマイザーであることを示しているように思われた。この鳥は一日の七五パーセントを木にとまって過ごしていたからだ。しかし多少の分析を行なったところ、事実は正反対であるという結論に達した。ハチドリは、わずかな量の蜜を嗉嚢（そのう）に収めただけで、身体が重くて飛べなくなってしまう。だから座っている時間の大半は、消化のために必要だったのだ。一方でハチドリは、胃に十分な隙間ができたらいつでも満タンにできるように、花畑を激しく防衛し続ける。彼らはエナジー・マキシマイザーだ。

研究者たちは実験を行なうことにした。それぞれのハチドリのなわばりに咲く花の半分を透明のビニール袋で覆い、吸える蜜の量を半分にした。これに対してハチドリたちは、ほぼ例外なく、隣接する花畑の所有権が主張されていない花を取りこもうと、なわばりの規模を倍にした。鳥たちは大きくなったなわばりの防衛に、より多くの時間を費やさなければならなくなり、餌を摂りながら花から花へと通うのに余計に時間がかかるようになった。袋を取り除くと、なわばりは普通の大きさに戻った。

これはハチドリのなわばりが物理的な面積(多くの動物はこれが当てはまる)よりもエネルギーを基準にしている——ハチドリの生活に関わるたいていのもののように——という考えを裏付ける。いつも満腹でいるために、どれだけの花を支配下に置いていればいいか、ハチドリは知っているのだ。

しかしその論理には限界があるようだ。コスタリカのロッジでリズがやったように、絶え間なく蜜を供給してくれるコンパクトですてきなフィーダーを与えたら、ハチドリは何がなんでもそれを守り、機会を最大限に生かすだろう。それを誰が責められるだろう? フィーダーを見つけたハチドリは、赤子のゼウスが山羊の乳母の角を誤って折ったことで、コルヌコピアの無限の神通力を解き放ったときと同じように感じたに違いない。

スピードの代償

世界中のほとんどすべての動物について、その代謝速度と平均余命をかけ算すると、興味深い結果が得られる。ほとんどの生き物は、身体の大きさや生息する場所に関係なく、心臓が一〇億回鼓動するあいだ、この世で過ごす。ヒトの場合、おそらく過去二、三百年の医学の進歩によって、平均を少し上回る二〇億から三〇億回と考えられる。ハチドリはたぶん一〇億から二〇億回のあいだで終わりになる。

これがあまりに単純すぎて本当だと思えなければ、ちょっとした計算を考えてみよう。ヒトの心拍数は安静時に毎分七〇回、睡眠時に毎分六〇回で、私たちは人生のだいたい三分の一を寝ており、七十年生きると仮定すると、心臓は二四億五〇〇〇万回鼓動すると考えられる。

ハチドリの場合はもっとやっかいだ。というのは心拍数の変動が大きいからだ。典型的なハチドリの心拍数は、飛行時に毎分一二〇〇回、安静時に毎分二五〇回、睡眠時に毎分五〇回と仮定しよう。ハチドリはおそらく覚醒している時間の四分の一を飛行しており、七年の寿命の三分の一を眠っている。この場合、ハチドリの心臓は一二億六〇〇〇万回鼓動する。

この規則はハツカネズミ、ゾウ、その中間のほとんどの動物に当てはまり、通用する。大きく寿命の長い生き物ほど代謝が遅いという傾向があるからだ。これは高齢になる前の病気や突然の死を説明しないし、明らかに一般論だ。だがそれはたしかに、大部分の動物の心臓は、どれだけ速く走ろうと、だいたい同じくらいがんばるように仕組まれていることを示している。

安静時の心拍数が低い人は一般に長生きだ。これは脈拍一〇億回ルールにぴったり当てはまっている。このことから運動の数ある効能の一つがわかる。ランニングはより多くの脈拍を短い時間に圧縮し、一時的に脈拍を速めるかもしれないが、体力がつくにつれて安静時心拍数を引き下げもするので、最終的には寿命を延ばす。

言いかえれば、基準線を引き下げれば長生きできるというわけだ。

大都市での生活のペース――郵便局業務の進行速度、見知らぬ人に質問したとき返答に費やされる時間、銀行の時計の正確さなど――は、歩道を歩く人の速度と相関があることは、心理学者によって証明されている。一九九九年、カリフォルニア州立大学のある心理学教授がさまざまな国の三一都市で歩く速度を分析したところ、生活のペースは日本と西ヨーロッパ諸国でもっとも速く、経済が未発達の国では遅いことがわかった。涼しい気候と「個人主義的文化」のもとで人間はより速く動く。速い都市ほど喫煙率と心臓病発生率が有意に高い。スイスはもっとも速く、メキシコはもっとも遅かった。

二〇〇七年には別の研究により、国ごとの歩行速度の違いは目を見張るほどのものであることが明らかになった。シンガポールの住民が歩道を六〇フィート（一八メートル）歩くのにかかる時間は平均十・五秒だった。バーレーンの人々は同じ距離を十八秒近くかけてぶらぶらと歩く。マラウイの人々は測定限界値を超える三十一秒だった。

また、この研究では、測定値を十年前に集めたデータと比較したところ、いくぶんショッキングな結果が得られた。それまでの十年で、歩くペースは全般に一〇パーセント上がっていたのだ。世界の主要都市では、人間が物理的に速く移動するようになっていた。わずか十年前には平均時速四・七八キロであったものが五・二六キロになったのだ。

われわれはハチドリに近づいているのだろうか？

ハチドリはとても華奢なので、化石がほとんど残らない。だからハチドリの起源についての知識には、長い欠落箇所がいくつもある。ハチドリに似た生物が現在のドイツに約三千万年前に生息していたこと、その大半が当時からエネルギッシュな飛行にきわめて適応した進化を遂げていたこと、それがアマツバメやヨタカと近縁であることは、わかってはいる。それが徐々に小さく速くなり、エンジンは洗練され、器官は専門化されるにつれて、ハチドリは私たちが今日賞賛するミニ・ターボ車となった。

だが追い越し車線を飛び続けることは高くつく。路肩に寄せて休憩しようものなら、彼らは餓死する。脚は軽量化のために萎縮して、一歩も歩くことができない。ハチドリは、カロリーの支配をめぐって必死で闘い、一途さのあまりつがいを作って家庭を築くことさえしないスピードの奴隷だ。彼らは異常に高い確率で心臓発作や心臓破裂を起こすようだが、それもそう意外ではない。ハチドリは一〇億回の脈拍を華々しく一気に突破する。そしてエンジンが焼き切れたとき、やはり急いでいずこへともなく消える。初めからいなかったかのように、ほとんど痕跡を残さずに。

人間は加速しつづけているようだ。私たちはより少ない時間でより多くの満足を得ようとしている。ファストフード文化という言葉は繰り言などではない。事実だ。そして事態は加速する一方だ。でも私たちは本当にハチドリになりたいのだろうか。

有名なプロゴルファーで、おそらく初めて一〇〇万ドルを稼いだアスリート、ウォルター・ヘーゲンは、たまにはのんびりする必要があることを知っていた。ハチドリのことなど考えたこともなかっただろうが、彼はこんな名言を残している。「あわてるな。くよくよするな。道すがら、花の匂いをかごうじゃないか」。

闘争か逃走か——ペンギンの憂鬱

南極のケープ・クロージャーでアデリーペンギンのコロニーの中を初めて歩いたとき、私はすぐに足元に気をつけることを覚えた。研究者たちは航空写真を精査して、幅一・五キロほどの谷に押し込められた三〇万羽のペンギン——ピッツバーグの人口とほぼ同じ——を数えた。ニュージーランドが自信満々に領有権を主張する極寒の辺境地にある、ロス棚氷のきわに隣接する場所だ。ペンギンはつつき合えるくらいの距離をとって陣取り、渦を巻く濃密な帯を作っていて、衛星画像ではロールシャッハ・テストの粒子の粗いコピーに似ている。地上は混乱状態だ。その大都会の中で、私は高さ六〇センチの雑踏の縁に沿って、いつの間にか横歩きしていた。私の進路からどこうとしない頑固なペンギンを避けて。

気温はマイナス三〇℃、身を切るような風が吹き、私は極地用の装備一式を身につけていた。断熱材入りの白いバニーブーツ、黒いスノーパンツ、一度着たら何週間も替えない重ね着した下着、虹色に光るスキーゴーグル、フードの内側にコヨーテの毛皮を張った赤いダウンジャケット。ペンギンは、たった今宇宙から降ってきたものを見るように、私を見た。

私なら、巨大で派手なエイリアンが家の隣に突如現れたら、少々ぎょっとするだろう。だがこの鳥たちは、どちらかと言えば人間との接触があまりないにもかかわらず、怖がらなかった。とにかく好奇心旺盛で、私がしばらく静かに動かずにいると、おずおずとした足どりで寄ってくることも多かった。ペンギンは私の靴ひもをほどき、つるつるしたズボンの脇をためらいがちに羽づくろいし、大将ごっこ（訳註：先頭の大将の動作をまねする遊び）の長い行列のように私のあとをぞろぞろついて来る。私が止まれば後続も止まり、私が歩けば歩き、突然振り向くたび、後ろ暗いところのある盗賊団のように凍りつく。谷の奥へと曲がりくねりながら歩いていくと、五〇羽のペンギンがガアガアと鳴きながらついてきた。

野生動物がこんなに人間を信用するのは珍しい。たぶんこれで、ペンギンの魅力を説明できる。なぜ世界有数の辺境地に棲む鳥が、地球上でも特に研究の進んだ種でもあるのか。なぜ、俳優のジョー・ムーアが言ったとされるように「ペンギンを見て腹を立てることはまずできない」のか。人間が到来してからも、この鳥のエネルギッシュな性質は損なわれてはいない。最初の探検隊が南極大陸に足を踏み入れたときのように、ペンギンは今も気さくだ。

「彼らはとてもよく人間のこどもに似ている。この南極の世界の小さな住民は」（『世界最悪の旅』加納一郎訳　朝日文庫）と書いた二十五歳の冒険家アプスレイ・チェリー＝ガラードは、悪運に見舞われたロバート・スコットの南極点探検に同行して一九一一年にケープ・クロージャーを訪れた。「彼らの小さな体は好奇心にみちみちていて」と彼は言う。「恐怖などいだく余地がない」。

だがペンギンにも限界があることを、私はすぐに知った。ペンギン・サイエンスという長期的研究プロジェクトの一員として、私はケープ・クロージャーに他の二人の研究者とともに配置され、原始的なキャンプ――シャワーなし、洗濯なし、生鮮食品なし、補給なし――で三カ月を過ごした。私たちの最重要目標の一つが、バイオテレメトリーGPSタグを使ってペンギンを追跡することだった。この装置は最近設計されたもので、リアルタイムで位置を知らせるだけでなく、水中の温度、水圧、光量を計測することもできる。つまり多少の運があれば、この鳥がどのように魚を獲るかを視覚化できるということだ。しかし、まず、誰かがペンギンを捕まえなければならない。

私は常々、ペンギンを捕まえるのは簡単だと人に言っている。近づいていって拾いあげればいいと。だがこれは、ペンギンにとってみればずるい行為をごまかしたものだ。そう、ペンギンは、特に巣にいるときには非常に近づきやすい。さほど警戒することなく一メートル以内を歩かせてくれる。だが、この個人空間に侵入してからは、素早くやったほうがいい。片手で脚を摑み、腹の下にすくいあげたら、もう片方の手で尾のつけねを押さえる。こうすれば何が起きたか気づかれないうちに、膝の上にペンギンを抱えることができる。

GPSタグの取りつけは、鳥の背中に何本かの粘着テープを貼るだけで済む。最初の被験者を放すと、しばらく目をぱちぱちさせていたが、頭を振って気を取り直し、よたよた歩きで平然と巣に戻ると、静かな瞑想状態に落ち着いた。まだほんの数十センチの距離にしゃがんでいた私のほうを、ちらりとも見なかった。このペンギンはいったい何を考えているのだろうかと、私は不思議に思った。自分にたった今起きたことを、私と結びつけてみもしないのか?

私は数羽のペンギンをこのようにして捕らえ、タグを取りつけた。何回やっても同じことだった。放したとたんに静かになるのだ。彼らは根に持たない。何日かしてタグを取り外すために戻ったときにも、同じように簡単に捕まった。私が手出しをしたにもかかわらず、私への気さくな好奇心を失わなかった。

巣にいるとき以外のペンギンを捕まえるのは、もう少し骨が折れる。あるとき、変形してしまった金属製のフリッパーバンド（個体を数年にわたって追跡するために用いられる）をつけたペンギンが、当てもなくうろついているのを見つけた。バンドを直すために、私はこのペンギンを捕まえなければならなかった。そのためには手助けが必要だったので、私は研究者の一人に無線で連絡して、長い柄のついた網を持ってきてもらった。

はぐれペンギンはこの上なくずる賢い。私にまったく無関心で三メートルまでは接近を許すが、そこから一歩も近づけようとしない。個人空間を侵したとき、それは私が進むよりも速く遠ざかった。それにこの鳥は素早い。全速力で氷の上を追いかけると、熟練の闘牛士のように身を翻して楽々と私の手を逃れ、私はその脇を通りすぎていった。私ともう一人の研究者とで横から挟み撃ちにして、ようやく網をかぶせられるところまで近づけたが、それでも何度か失敗し、最後には思い切り頭から突っ込んで押さえた。

絡んだ網をはずしているときと、バンドを直しているほんの数秒間、ペンギンがパニックに陥っているのがわかった。他のペンギンと同じようにあつかったのに、私の脇の下を噛み、胸を翼（フリッパー）で打った。重さ三キロ半でボウリングのピンより少し背が高いだけの鳥にしては、驚くほど強い力だった。放すと三メートルの緩衝地帯を取り戻すまで舞うように何歩か走っていき、一息ついたかと思うと、まるで私が存在しないかのように、見かけ上の私への関心をすべて失った。

ペンギンの無関心

恐怖は危険が形づくる感情だ。だから辺境地に生息する鳥が一般に近づきやすいことは、驚くまでもない。彼らは人間への恐れをなくしてしまった——もっと正確には、もともと身につけなかったのだ。これは最近まで人類が進出していなかった極地と孤島では特に言える。辺境に存在することこそが、この鳥たちを守っているのだ。

この影響を体感するのに最適な場所の一つが、ガラパゴス諸島だ。訪れた人は、野生動物が怖がらないとよく口にする。カメラをぶら下げた観光客は、カツオドリ、アホウドリ、イグアナ、アシカなどが近づいてもちっとも騒がないことに喜ぶ。野生動物にこんなに近くで親しめるなんてすてきなことだ。

チャールズ・ダーウィンでさえも、ガラパゴス諸島の野生生物の人なつこさに魅せられている。一八三五年にここを訪れたとき、この若きナチュラリストは、日当たりのいい海岸でひなたぼっこをしているウミイグアナで実験を試みた。ダーウィンは全長一メートルのイグアナに歩み寄ると、尻尾を摑んで持ち上げ、いきなりその爬虫類を海に向かって力の限り遠くまで投げ飛ばした（ダーウィンはガラパゴスイグアナにあまり同情を示していなかった。彼はよくイグアナを殺して食べ、しばしば「愚か」と呼び、「闇の小鬼」とあだ名をつけた）。これに対して、イグアナは岸に泳いで帰り、さっきまで日光浴をしていたのと同じ場所、ダーウィンの足元に這い戻った。ダーウィンはかがみ込み、またイグアナを持ちあげて、海に投げ込んだ。イグアナは元の場所に這い戻ってきて、とまどった様子を見せた。この循環が何度も繰り返された。あとでダーウィンが指摘したように、イグアナは海岸線に沿ってゆっくりと泳いで簡単に逃げることができたのにだ。

イグアナ投げ実験はダーウィンを夢中にさせた。『種の起源』を執筆し、そして史上もっとも有名なナチュラリストとなる十四年前、ダーウィンは『ビーグル号航海記』という五年にわたる世界一周の旅を描いた本を出版した。冒険に満ちた二三の章の中で、ガラパゴスには一章しか割かれていないが、「見かけは愚」な投げられたイグアナについてじっくり考えるためのスペースは大幅に取られている。「このとかげにとっては、浜の上には外敵がおらぬが、海中ではしばしば多くのさめの餌食とならねばならぬ」とダーウィンは考える。「海浜を安全な場所とみる遺伝的に固定した本能に駆りたてられて、危険がなにであろうとも、海浜に避難所を求めるのであろう」(『ビーグル号航海記』下　島地威雄訳　岩波文庫)。言いかえれば、イグアナはまったくの恐れ知らずではない。ただ陸上の何ものよりサメを怖がるのだ。

ガラパゴス諸島の鳥たちは、同じように人間に対して無頓着だ。ただし、南極のペンギンと同様、限度がある。ガラパゴス国立公園の規則では、観光客に野生動物が不安を引き起こすまで近づくことを禁止している——動物が反応したら、近づきすぎだ。営巣中の海鳥の場合、これはわずか一メートルということもある。それ以上近づこうとすると、短刀のようなくちばしで顔をつつかれる。この規則は鳥だけでなく人間を守るためでもあるのだ。

この不安を引き起こす限界を、逃走距離——接近する危険に直面して動物が反応を始める距離——と呼び、あらゆる種類の動物で恐怖を研究するために計測されてきた。もちろん、ヒトへの恐怖が他の恐怖に常に換算されるわけではないし、逃走距離は状況によって異なる。しかし数値化しやすいので、逃走距離は危険の認識レベルを測るのによく使われる。

逃走距離は一般に、ヒトや他の大型捕食者がいなくなると低下する。これはつじつまが合っている。捕食者のいない環境でおびえていても動物にはほとんど利益はない。経験が最適な反応の仕方を決める。南極のペンギンとガラパゴスのイグアナの場合、これが無関心でいるように指令する。食べられる危険がなければ、走って逃げるのは単なるエネルギーの無駄だ。だがそれ以外の世界のどこでも、たいていの動物は——ガラガラヘビやトラのように特殊な防衛メカニズムを持つ数少ないものを除いて——もっと臆病だ。

おもしろいのは、逃走距離はもう一方の端で短くなりえることだ。絶えずヒトと接触する都会の動物、たとえば都市公園のイエスズメやホシムクドリは私たちに慣れてしまっている。だから都会のハトは人間の足元を歩くのだ。ヒトは脅威ではなく、餌をくれることさえあると学んでしまったのだ。それはまた、かかし、プラスチックのフクロウ、窓に貼るタカのシルエット、旗、鳴子などの鳥よけにあまり効き目がない理由でもある。時間がたつにつれて、それが無害であるかぎり、鳥はほとんど何にでも慣れてしまうのだ。

したがって、その中間にいる動物——ヒトとある程度接触があるが、あまり多すぎないもの——がもっとも私たちを恐れるわけだ。

天敵ヒョウアザラシ

ケープ・クロージャーの海氷が割れる夏のさなか、ペンギンはうれしかったにちがいない。数カ月の間、彼らは凍った海を何キロも歩いて、巣とどこかに開いた氷の割れ目とを往復し、氷の下の暗い世界に滑り込んで魚を獲っていた。ひと晩の暴風が氷を砕いて沖へと吹き払い、ペンギンのコロニーの近くに広大な開けた水面を残した。ペンギンはもうはるか遠くまで狩りに行かなくていいのだ。

初めて私はペンギンが海に飛び込むのを見た。氷の縁につま先立ちしてまっすぐ下をのぞき込めば、澄みきった水を通して自分の足の下でペンギンが泳いでいるのを見ることができた。水の下では、彼らは陸上でのぎこちなさを埋め合わせていた。ペンギンの翼がフリッパー（ひれ）と呼ばれるのも当然だ——それはペンギンがツートンカラーの魚雷のように深い水を切り裂いて進むのに役立つ。ペンギンが魚を追って突進し、急に進路を変えるときの長い泡の筋に、私は見とれた。

ペンギンは、急に海に行きやすくなったチャンスをぜひ利用しようと、飛び込み台の子どもたちのように氷の端に行列を作った。もっとも、まっすぐに飛び込むのでなく、崖っぷちでいつまでもぶらぶらしている。初め、行儀よく順番を待っているのだと思った。彼らは、一番早く来たものが先頭になる整然とした群れを作るのが普通だからだ。

それから私は、彼らが水を怖がっていることに気づいた。

数羽のペンギンが縁に並んで、何かを探すように下を見つめている。さらに多くが後ろから三々五々よたよたとやってきて、数十羽の密集した集団を作り、不安そうにたたずんでいる。どのペンギンも最初に飛び込みたくはない。後ろのほうから押し寄せてくるものが増えると、先頭のものはあわてて脇へ寄り、集団を押しわけて戻ろうとする。やがて、大群が押しあいへしあいするうち、後ろのものが前に押し進み、最前列にいた不運なペンギンが何羽か縁から押し出される。次の瞬間、それが水に落ちると、目に見えない信号機が突然青に変わる。時には一〇〇羽以上にのぼる群れ全体が、いっせいに飛び込む。

チェリー＝ガラードは同じ行動に一九一一年に注目している。「彼らはまた仲間の一羽がはじめにとびこむまではなかなか氷の縁から水にはいることをがえんじない」と彼は述べ、その直前では、隊員の一人の調子はずれな歌（「神のご加護あれ〈ゴッド・セーブ〉」という歌で好んでペンギンを称えた）を聞くと「きまって彼らは水のなかに逆さまにとびこむ」ことをほのめかしている。

このダンスは見ていておかしかったが、ペンギンがそうするのにはちゃんと理由がある。全長三メートル、体重三五〇キロのヒョウアザラシ――シャチを除けば南極の頂点捕食者――が、あわよくば油断しているペンギンを待ち伏せしようと、ケープ・クロージャー沿いの海岸を徘徊していることがある。ペンギンはそれを知っていて警戒しているのだ。

ペンギンが怖い夢を見るとしたら、その主役はたぶんヒョウアザラシだ。このアザラシは、かすかな斑点模様のある大きな暗い灰色の身体、長く伸びた鼻、邪悪な笑い顔で見分けられ、魚、ペンギン、ほかのアザラシを引き裂くために設計されたナイフのような切歯を持つ。ヒョウアザラシは普通、ペンギンを陸上や開けた海で捕らえることはできないが、浅瀬で水に出入りするとき、この鳥が無防備であることを知っている。だからアザラシは、沖合の攻撃型潜水艦のように水に潜って、運の悪いペンギンが口の中に飛び込んでくるのを待っている。

人間もたまにヒョウアザラシの餌食になることがある。二〇〇三年、英国南極研究所に勤務していた二十八歳の科学者が、南極半島のロセラ研究所近くで素潜りをしていると、ヒョウアザラシが突然現れて彼女を捕まえ、慄然とする同僚の目の前で二〇メートルの水中に引きずり込んだ。救難艇が取り返したときには、彼女は死んでいた。

二十世紀初めには、アーネスト・シャクルトンの帝国南極横断探検隊の隊員がヒョウアザラシに追われ、同僚が発砲して助けている。最近では、ゴムボートを利用する研究者はパンクを防ぐために補強を加えなければならなくなっている。アザラシが気室を噛むことが知られているためだ。総人口が通常五〇〇〇人を超えない大陸で、こうした事件がかなり驚くべき頻度で起きているようだ。

それでは、ペンギンが海に飛び込もうとするとき、何がその脳裏をよぎるか、想像してみよう。最初に飛び込みたくないのも当然だ。ペンギンは人間を恐れないかもしれないが、目に見えない危険が潜む冷たく暗い海を前にしたとき、私たちが同じ状況に立たされたときと同じ恐怖をたぶん覚えるのだろう。彼らは海に入るたび、餌を探しに行くたびにこの脅威と付き合わなければならない。

この種のペンギンの恐怖は、最近科学者の関心をとらえている。ヒョウアザラシの危険が与える影響は、ペンギンが氷盤の上に並ぶことだけではないと唱える者もいる。それは、ペンギンの行動のもっと大きく複雑な側面を明らかにするかもしれないのだ。たとえば、なぜペンギンは闇を恐れるのかを。

生存確率を高めるための感情

動物が重大な危険を認識したとき、その身体は対処の準備をする——有名な闘争・逃走反応だ。脈拍は速く打ち、肺はより多くの空気を処理し、エネルギーは筋肉に流れ込み、腸は弛緩し、消化は遅くなる。このすべてが、オオカミと対峙するバッファローのように闘うのを、またはライオンから逃れるガゼルのように安全なところへ一目散に駆けていくのを助ける肉体的反応なのだ。

恐怖が身体に与える影響の中には、説明が簡単ではないものもある。身震い、聴力の喪失、麻痺、意識の喪失さえ、突然の恐怖で起きることがあり、腹を空かせた捕食者の前で失神することが賢明かどうかには議論の余地がある。闘争・逃走のメカニズムは単純化しすぎだとして批判されてきた。危険に直面して、たとえば擬装をする（これは逃走のように見えるかもしれないが）ような別の反応を示す動物も多い。恐怖はゼロか一かの感情ではなく、一定の幅のさまざまな反応にまたがり、その多くは緊急時の肉体反応を引き起こすものではない。

ヒトを含めたある種の動物のオスは、恐怖に対処するためにメスとは違う戦略を進化させたと、研究者は提唱している。闘争・逃走シナリオは男性中心かもしれない。多くの種でメスは、子を保護し仲間の集団を探すことで危険に対抗する。これは現在、思いやり・絆反応と呼ばれているものだ。この恐怖に対する反応の違いは、ヒトでは男女が一般に役割によって分けられていたときにおそらく進化し、闘争・逃走的思考は全体的な健康により悪影響があるのかもしれないので、女性の平均寿命の長さを説明するために理論化されてもいる。反応の違いは最近の文化的な条件づけも原因としているのだろう。本当のところはわからないが、恐怖への対処の仕方が男女で違うかもしれないというのはおもしろい。

それでも、闘争・逃走反応は多くの動物に普通に見られ、そのメカニズムは単純明快だ。コルチゾールやエピネフリン――アドレナリンとも言う――などのようなストレスホルモンの放出が引き金となって、身体が恐怖を示すのだ。

脳がどのようにそうしたホルモンの放出を決めるのかは、複雑だ。恐怖はきわめて基本的で広く見られる感情の一つだ。一九八〇年代に心理学者のロバート・プルチックは、色相環に似た感情の輪という仮説を立てた。感情の輪は多方面に影響力を与えた。プルチックの輪には八つの基本感情が含まれ、相反するものを対にして配列されている。喜びと悲しみ、信頼と不信、驚きと予期、怒りと恐怖だ。色と同じように、感情にも強弱がある。たとえば恐怖には、小さなもの（不安）から大きなもの（戦慄）まで幅がある。これら基本的な積み木を組みあわせれば、あらゆる二次的な感情が理論的には作り出せるとプルチックは主張した。たとえば、服従は恐怖と信頼の、畏怖は恐怖と驚きの組みあわせだ。

プルチックは、同じ分野の多くの研究者と同様、感情が進化したのはそれが生存確率を高めるからだと――そしてこれが特に重要なのだが、動物も人間と同じように感情を持つと――考えた。彼の著書『感情』に載っている一〇の感情仮説の第一番目はこう述べる。「感情という概念はすべての進化のレベルに適応でき、人間だけでなくあらゆる動物にあてはまる」。これはつまり、ペンギンは感情という面で私たちに似ているかもしれないということだ。そうだとすれば、ペンギンの意識の中をのぞいてみようとする私たちは、まず自分自身を理解しなければならない。

感情それ自体は生得的なものだが、特定のものに対する恐怖は経験に左右される。ヒトもそれ以外の動物も条件次第で、たいていのものに対して恐れることを学習でき、また自覚のある恐怖のほとんどは学習したもののようだ。特定の出来事と予想される結果を結びつけることを恐怖条件づけと呼び、実験によって負の強化は強い力を持つことが確かめられている。刺激が動物に反応を起こさせるためには、二つの出来事を同時にくり返し起こし、両者が関係することを脳に学習させればいい。もっとも古典的な例は、パブロフの犬だろう。ロシアの生理学者パブロフは、イヌの餌皿に餌を入れるとき毎回ベルを鳴らし、すぐにイヌがベルの音だけでよだれを流すようになることを証明した。

極端な事例では、恐怖は一見任意の出来事とも結びつくことがある。有名な例が、アメリカの心理学者ジョン・ワトソンがアシスタントのロザリーと一九二〇年に研究した九カ月児のアルバート坊やだ。ワトソンによれば、アルバートは普通の健康な子どもで、大きな音を嫌い、実験用白ネズミには生得的な恐怖を持っていなかった。実験では、ワトソンは白ネズミをアルバートに引きあわせ、しばらくのあいだ楽しく遊ばせた。そこでワトソンは方針を変える。アルバートがネズミに触ろうと手を伸ばすたびに、その頭のすぐ後ろで、ロザリーがハンマーで鉄の棒をガンガン叩く。こうするたびに子どもは突然の大きな音に泣き出し、何度か繰り返すと白ネズミを見ただけで泣くようになる。その後アルバートは、白ネズミに似た何かほかのものにも反応して泣き出すようになったと、ワトソンは報告している。白い脱脂綿がついたサンタクロースのマスク、毛の長いイヌ、白いコート。ごく短い時間で、アルバートは無害なものを怖がることを覚えてしまったのだ。

アルバート坊やの実験は、現在の基準では非倫理的と考えられ、またかかわった誰もが幸せにはならなかった。ワトソンは助手のロザリーと不適切な関係になって妻と離婚し、大学を解雇された。彼はアルバートの条件づけをやり直す機会を得られなかったので、アルバートは白くてふわふわしたものに脅え続けたと思われる。しかしこの研究はその後数十年にわたり恐怖の研究を触発し、ジョン・ワトソンは心理学の進路を、遺伝より環境を重視する行動主義の思想へと向けた。

条件づけはおおむねよいことだ――そのおかげで私たちの脳は、細かい点を一つひとつ分析することなしに、環境にどう反応すればいいかを知ることができる。恐怖条件づけも、危険を避けられるようにするために、たいていは有益だ。医師は同じ概念を使って嫌悪療法で依存症を治療している。アルコールと、たとえば吐き気を誘発する薬剤とを組みあわせて与えると、アルコール依存症患者は二つを結びつけることを学習し、飲酒をやめるという考えだ。この方法は、乱用をなくす以上に増やしてしまい、また根本的な状況を改善しないので危険なこともあるが、うまく行くこともある。

闇への恐怖

恐怖は最近、哺乳類の脳にある扁桃体（アーモンドに似ているのでこう呼ばれる）という部分と関係があるとされている。扁桃体は頭蓋の奥深くにあり、記憶と感情を処理することが知られている。扁桃体はおそらく闘争・逃走反応をつかさどる役割を持っているのだろう――たとえば、すぐそばに雷が落ちたとき、半秒以内に覚えるあの感覚だ。反応は瞬間的、先天的で、ある意味で無意識だ。恐怖は脳の認知領域も通過し（そこが追いつくのには数秒かかる）、やっと避難場所へ逃げろと命令する。理性的な思考が取って代わるころには、身体は準備が整い、逃げ支度ができている。この二つの経路――扁桃体からの無意識、即時の反応と、残りの脳が事態を認識してから遅れて起きる論理的反応――は、低位の道と高位の道という別名で呼ばれている。

この二つの経路が分かれていることを、一九一一年に脳に損傷を受けて記憶喪失になった女性が見事に例示した。この女性は推論や、新しい記憶を形成することができず、だから診察を受けるたびに、医師はまた自己紹介をして、なぜ彼女が診察室にいるのかを説明しなければならなかった。ある日、彼女が診察室に入ってきたとき、医師は鋭い針を手のひらに隠し持って握手をした。それから彼は十五分席を外した。戻ってきたとき、女性は予想どおり、彼が何者でどうやって彼女に針を刺したか覚えていなかった。だが医師がまた握手を求めて手を伸ばしても、彼女は手を出そうはしなかった。理由を尋ねられても、彼女は答えられなかった。女性はただこう言った「手を引っこめてはいけませんか?」。彼女の高位の道の論理は損なわれていたが、無意識の低位の道は損なわれず残っていたのだ。

鳥は扁桃体を持たないが、鳥類の脳にある別の、類似した構造が同様の機能を果たすように進化しているかもしれないと、研究者は仮説を立てている。鳥はたしかに差し迫った脅威に対して、私たちと同じ反応をする。脅えた鳥はうろたえ、鳴き叫び、その場で固まり、あるいは飛んで逃げようとする。鳥に見られる恐怖の例のほとんどは、この種の低位の反応だ。鳥が逃げて一定の、先天的に決まった逃走距離を越えれば、捕食者への外からわかる関心をすべて失う。

鳥における恐怖への高位の反応の問題は、答えるのが難しく、その証拠も少ない。二十世紀初めの南極探検者に撲殺されて食料にされたペンギンたちを考えてみよう。スコットとシャクルトンにとって、ペンギンを殺して食べるのはいとも簡単なことだった——警戒心のないペンギンのほうへぶらぶら歩いていって、脳天をぶん殴るだけでよかったのだ(もっとも、しばらくしてアザラシのほうがずっと味がいいことがわかり、哀れなペンギンは放っておかれるようになった)。ダーウィンのイグアナや、その他の虐げられたガラパゴスの野生動物のように、あとのペンギンたちは事態をまったく理解していないようで、仲間がくり返し殺されているというのに、それまでと変わることなく簡単に近づくことができた。この鳥は明らかに、仲間を襲った暴虐が自分にも降りかかるかもしれないという推論ができなかった。同じ状況にヒトが置かれたなら、分析的反応を用いて新たな危機を回避していただろう。

これは、鳥の恐怖が学習された行動ではないという意味ではない。水鳥のような常に狩猟の対象とされる種は、猟期のあいだはそうでない時期よりもすぐ驚き、逃走距離を長く取ることが知られている。同じように、常に捕食者に狙われる鳥は、捕食者がいない環境に棲むものより用心深い。彼らは個々の経験から恐怖を学習することができる――そして恐怖を親から学習することができる。ウズラについてのある研究で、怖がりな母親から生まれたが落ち着いた里親に育てられたひなは、落ち着いた成鳥になった。言いかえれば、臆病さは本能よりも育てられ方に影響されるのだ（ただし、これがどの程度当てはまるかは、本当の親の遺伝的特徴によって増減した）。

鳥は怖がらないように条件づけることもできる。ニュージーランドのある島のコマドリを研究してわかったのが、その島からネズミが根絶されてから一世代あとのコマドリは、ネズミの模型と対面したとき、ネズミがまだうろついている近隣の島のコマドリに比べて、明らかに動揺を見せなくなっていたことだ。たった一世代で、コマドリは捕食者のいない環境に生きるように条件づけられたのだ。

しかしこれらの事例はまだ、ヒトが持つような理性的な高位の道の恐怖――長期的な情動ストレス、心配、予期不安――を示していない。鳥は情動記憶にもとづいて未来を予測できるだろうか？　本能的でない不安につきまとわれるのだろうか？　その答えはまだ出ていない。不安と恐怖のあいだには本質的な違いがある。不安は特定できるストレス要因がない気分だが、恐怖は脅威に対する即座の反応だ。二つのうちで、恐怖のほうが身体的徴候が明白なので、はるかに研究が簡単だ。

だから鳥もヒトも、恐怖そのものは生得的なものだが、反応のタイミングは多くの場合学習したものだ。危険に対する本能的反応については、互いにきわめて似通っている。だがそこから先になると、鳥が何を考えているのか、鳥に長期的な心配があるかどうか、なかなかわからない。

心理学者のスーザン・スアレスとゴードン・ギャラップ・ジュニアは、この状況を『鳥の行動』という科学の教科書の一巻にきれいにまとめた。著者は、鳥にも人間のような感情があることを認めながら、それについてのあまりよい枠組みがないことを指摘している。「恐怖と情緒性という概念が、意味のある形で鳥に適用できるのは」と彼らは言う。「それらが自然状態で適応的意義がある出来事と明白に結びつけられるときだけだ」——つまり鳥は、人間と同じように、何らかの感情を持っていると想定される。ペンギンも感情を持つのだ。

春と秋には、南極の太陽は定期的に昇り、沈む。昼はまばゆいほど明るく、夜は底知れぬほど暗い。それに挟まれた夏の数カ月、太陽は沈もうとしない。傾いた反時計回りの輪を描いて空を漂い、真夜中の時刻には地平線近くまで低くなるが、完全につくことはない。ケープ・クロージャーでのフィールドワーク・シーズンのあいだ、私は一度も日没を見ず、一つも星を見なかった。冬にはこれが反対になる。数カ月間、一度も日が昇らないのだ。

ペンギンは、人間と同じように、太陽と連動していて、日中には活発になり夜には眠る。冬には、終わりない暗闇地帯を出て、もっと北の区域に移動する。

だが、なぜ?

ペンギンは二十四時間動けないというわけではない。夏の終わらない昼のあいだ、ペンギンは概日性（がいじつせい）のスケジュールを捨て、一日中餌を探しに出かける。私が目覚まし時計をセットして二十四時間のリズムを維持していた一方、ペンギンのコロニーは真夜中でもまだ真昼のように活発で、ペンギンは疲れたと思えばいつでもひと眠りすることに私は気づいた。時間に関係なく快適そうに見える平らな場所で、氷に寄りかかって丸くなってしまうのだ。ニューヨークなんか問題にならない。本当の眠らない街はペンギンの大都会、真夏のケープ・クロージャーだ。

だが、太陽が地平線の下を回りはじめる夏の終わり、ペンギンはスケジュールをそれにあわせる。夜には休み、夜明けに海へ行き、夕暮れに帰る。冬が訪れると北へと数百キロ泳いで行き、常闇の月を逃れる。

科学者は長年、ペンギンはヒトのように暗闇では目がよく見えないのだと考えていた。それは確かに、太陽がほとんど常に世界の反対側を照らしている南極の冬のあいだ、ペンギンが餌を獲る妨げになるだろう。魚はむしろ夜のほうが捕まえやすい。闇の中では捕食者を探知するのが大変だからだ。ペンギンが日の沈んだあとも泳げれば、もっと楽に餌を見つけられるだろう。

しかし最近の研究で、ペンギンは暗いところでもよく見えることがわかった。私たちの温度・水圧・光量センサーつきGPSタグは、ペンギンが水深五〇メートルから一〇〇メートルでしばしば魚を捕まえていることを示した。この深さではいつも宵の口のように薄暗い。コウテイペンギンは五〇〇メートルの深さにまで泳いでいくことがあり、そこでは目を閉じているも同然だ。人間はそんな深いところで活動できないが、どうやらペンギンは暗黒に近いところで魚を追うことができるようだ。

ではなぜ彼らは闇を避けるのだろう？　おそらく太陽が昇っているときのほうが活動に都合がいいというだけだろう。魚を獲ることも一つだが、社交活動は昼間のほうがおそらく楽しいだろう。

深度の研究を発表した学者たちは違う説明をしている。ヒョウアザラシとシャチを恐れてペンギンは夜の海に寄りつかないのだと、彼らは提唱した。そう、闇の中では魚を捕まえやすいかもしれないが、ペンギン自身も捕まる危険が大きいのだ。そして、すでに述べたように、ペンギンはひどくヒョウアザラシを怖がる。彼らは何キロも陸地を歩いて通い、同じ距離を海岸に沿って泳いでいくということをしない。すべてはあの軋む歯を避けるためだ。

恐怖の生態学でも、ペンギンの冬の移動を説明できるかもしれない。大半の渡り鳥は餌の豊富な目的地へ向かうが、ペンギンはそれとは違って冬のあいだ不満足な餌場を目指す。そこには、南極大陸沿岸の年間を通じて養分豊富な水域に比べると、少ししか魚がいない。彼らは悪天候か漁場への道をふさぐ分厚い海氷を避けていることもありえる。しかし闇に潜む捕食者への恐怖もペンギンを北へ、もっとも暗い季節のあいだにほっとさせてくれる日の光を得られる場所へといざなっているのだろう。

それはおもしろい理論であり、もちろん事実かもしれない。私はヒョウアザラシの獰猛な恐ろしさを、ケープ・クロージャーのある夏の終わりの午後に目の当たりにした。ペンギン・コロニーのすぐ沖合で、一頭のアザラシが波打ち際を二、三時間うろうろしていた。漁をするペンギンの群れは、アザラシに近づきすぎてしまうと決まって大慌てで飛び跳ねるように逃げた。襲撃は突然に起きた。一羽のペンギンが単独でふらりと海岸に降り、十分な警戒をせずに海に入ると危険に気づかず水中で遊んでいた。その瞬間アザラシは矢のように突進し、がっちりとあごを閉じると、噛むおもちゃをもらったロットワイラー犬のように不運なペンギンを振り回しはじめた。

ペンギンが捕まらないための労力を惜しまないのも無理はない。ヒョウアザラシは食べる前に獲物をもてあそぶことで有名で、この個体は鋭い切歯でペンギンの皮をはぎながら、二十分ほどかけて食事を少しずつ平らげた。固まりかけた血がアザラシの歯から垂れていた。ホラー映画から抜け出した何かのようにそそり立つ、目を血走らせた醜い灰色の頭。がちがちと鳴るあご。血に染まる凍てつくような水。口の端にぶら下がった、白く光るペンギンの胸郭。ぞっとしながらも憑かれたように見ていた私は、思わずにはいられなかった。あのペンギンがもうほんの少し用心していたら、逃げられていただろうにと。時には、ペンギンでも、少しの恐怖心が命を救うことがあるのだ。

オウムとヒトの音楽への異常な愛情

初めてスノーボールのビデオを観たとき「衝撃を受けた」と、アニルド・パテル博士はのちに『ニューヨークタイムズ』に語った。パテルはタフツ大学の心理学准教授だ。スノーボールは踊るのが大好きなキバタン——派手な黄色の冠羽を持つオーストラリア原産の白い大型のオウムの一種——だ。二〇〇七年、運命が、ユーチューブの形を取って、この科学者と踊る鳥を結んだ。

インターネットがなければ、パテルはスノーボールに出会うことがなかっただろう。インディアナ州に住む飼い主が、スノーボールの踊っている動画を即興で撮影して投稿したところ、その評判が瞬く間に広がった。ビデオの中で、オウムはバックストリート・ボーイズの歌「エブリバディ（バックストリート・バック）」に合わせて、椅子の背の上で跳ね回っている。リズミカルに身体を揺すり、頭をひょこひょこ上下させ、足をエネルギッシュに振り、曲に乗って調子よくツイストする。どう見ても、ティーンエージャーがくり返しの多いコードやベースラインに熱狂するようだ。踊るオウムの動画は一週間で二〇〇万回再生され、最終的（五年後）にはその一本だけで五〇〇〇万回を超えた。

パテルはそんなものを見たこともなかった。それまで彼は、音楽と脳に熱中してきた。博士過程指導教員でアメリカ生物学界の権威であるE・O・ウィルソンが、一九九〇年に彼をアリの研究のためにオーストラリアに送ったとき、パテルは教授に負けず小さな昆虫に没頭しようと思った。しかしある日彼は、自分が音楽に関するヒト生物学にもっと大きな興味を抱いていることに気づいた。「自分のやりたいことをやりたまえ」とウィルソンは助言したとされる。そこでパテルはアリの研究をやめ、オーストラリアを去ると、ハーバード大学で言語と音楽をテーマにした独創的な論文執筆に専念した。それがパテルが神経生物学研究の世界に入ったきっかけだった。当時この分野は、脳の活性箇所を画像化する「脳イメージング」に関心が集まりはじめたばかりだった。パテルはその後、人間の脳が言語と音楽をほぼ同じように処理することを示す、非常におもしろい論文を発表した。

スノーボールも世に出る前、多少の紆余曲折があった。ペットのオウムにはよくあることだが、彼は何人もの飼い主のあいだを転々としていた。どこで生まれたのか、ひなのとき誰が育てたのかはわからない。六歳くらいのとき、スノーボールはインディアナ州の家庭に引き取られ、そこで数年飼われた。しかし一家の娘が大学に進学して家を出ると、怒りっぽく攻撃的になった。父親は、オウムが十分な世話を受けていないと判断して、飼育を放棄された鳥の世話を専門にするバード・ラバーズ・オンリーという保護施設にスノーボールを連れて行き、同時にスノーボールのお気に入りのCD、バックストリート・ボーイズを渡した。「これをかけて、何が起きるか見ていてください」と飼い主は言った。

バード・ラバーズ・オンリーの設立者で元分子生物学者のアイリーナ・シュルツは、初めてスノーボールの動きを見たとき、危うく笑い死にするところだった。何羽ものオウムが彼女のシェルターを通りすぎていったが、これほど魅力的なものはほかにいなかった。彼女は短い動画を撮影し、おもしろ半分にアップロードした。そして、まあ、ことは雪だるま(スノーボール)式に大きくなったわけだ。

拍子をとるオウム

このおかしなオウムはすぐに『CBSサンデー・モーニング』『ザ・モーニング・ショー・ウィズ・マイク・アンド・ジュリエット』『エレン』『ザ・トゥナイト・ショー・ウィズ・ジェイ・レノ』『レイト・ショー・ウィズ・デイビッド・レターマン』、NPR、BBC、CNN、ナショナル・ジオグラフィック・ニュース、アニマル・プラネット、タコベルの新しい飲み物のコマーシャル、スウェーデンのミネラルウォーター・ロカのコマーシャル、日本の三つのテレビ番組で取りあげられた。世界中のファンから、スノーボールがそれに合わせて踊ってくれることを期待して、CDが送られてきた（ドイツのポルカが興味を引いた）。バード・ラバーズ・オンリーに訪問者が増えはじめ、口ではオウムの里親になりたいと言ったが、実は有名な鳥をひと目見たいだけだった。

シュルツは、まるでハリウッドのエージェントのように、スノーボールのゲスト出演の契約を取った。スノーボールの降ってわいた名声を、捨てられたオウム（それはしばしば飼い主より長生きする）への意識を啓発し、そして——もちろん——商標登録したばかりのスノーボールの名前を記した特製のTシャツ、バッジ、CD、DVD、バンパーステッカーを売り出すチャンスととらえた。フェイスブックの公式ページは、今ではほとんど奇抜な「踊るオウム・スノーボール」の漫画を発表する場となっている。私が見た最新のものでは、スノーボールが馬術でオリンピックに出場していた。ユーチューブにある専用チャンネルでは、スノーボールがクイーンからレディー・ガガまで、ありとあらゆる曲に合わせて身をくねらせるのを観ることができる。

だがシュルツは、自分が救った鳥が学術的に重要かもしれないとは夢にも思っていなかった。アニルド・パテルも、スノーボールの動画を初めて観て、すぐさまアイリーナ・シュルツに連絡を取ったものの、当初は自信がなかった。この神経生物学者は、スノーボールがビートに合わせて踊ることができるらしいことに衝撃を受けたが、それが訓練されていたり、飼い主がカメラに写らないところで動きを指示していたりということも疑っていた。踊るオウム・スノーボールは、本当に音楽に同調して動いているのだろうか?

パテルとシュルツは疑問を解くために、ちょっとした実験を行なった。パテルはコンピューター・プログラムを使って、スノーボールのお気に入り、バックストリート・ボーイズの「エブリバディ」の別バージョンを、それぞれ音の高さは同じだが、テンポがオリジナルより二〇パーセント遅いものから二〇パーセント速いものまで一一個作った。それからシュルツは各バージョンを、カメラの前のスノーボールに聞かせ、そのあいだ彼女は部屋の隅に静かに立って、鳥が勝手に演技するのを見ていた。遅めのスピードでは、スノーボールはときどきゆっくりしたテンポで左右に身体を揺すり、スピードを上げて試すと、自分から曲に合わせて足を上下に踏みならした。大部分は、ある基本的な動作、単純な頭の上下動に専念していた。

パテルは各試行の動画を丹念に分析し、ちょうどスノーボールの頭の上下動がもっとも低い点にきたときのコマに印をつけた。それからこの時点を対応する音楽のビートと比較し、一致しているかどうかを調べた。

それはぴったり合ってはいなかった。スノーボールの動きはビートの前後にずれることがよくあり、いくつかのテスト、特に低速のときにはまったく踊ろうとしないこともあった。音楽のテンポと合っていないほうが長い期間の中から、パテルはダンスが同調した瞬間を抜き出して、それを同調期と呼び、そのような期間がスノーボールが踊っていた時間の二五パーセントほどにすぎないことを発見した。つまり四分の三の時間はかなり調子はずれだったということだ。どちらかというと、スノーボールは速めに頭を上下させるのを好んだ。すべての動きを合わせると、スノーボールの動作は基準となるテンポより平均して速かった。

だがパテルはまだ、スノーボールがリズミカルに動いていると思っていた。パテルは自分が拾い出した同調期を詳しく調べ、その期間が不規則に発生しているかどうかを測定する統計学的実験を行なった。その結果は高度に有意だった。スノーボールがその程度の長さでも偶然だけで同調する確率は、きわめて小さかったのだ。

この結果にパテルは満足した。アイリーナ・シュルツら三名の共著者と、パテルは「ヒト以外の動物が音楽の拍に同調することの実験的証明」と題した論文を『カレントバイオロジー』誌に発表した。論文自体は注目すべきものだった。それは初めて、われわれ以外の動物が、外部の音楽的リズムに動きを同調させること——ヒトに特有だと考えられていた性質——を示したものだったのだ。

踊る動物たち

広い意味では、踊る動物はたくさんいる。「リズミカルに動く」という大まかな定義の下では、ほとんどの生物も、生活のある時点で踊ることがあると言えるだろう。踊りは必ずしもビートに対して発生するものではない。ヒトでも音楽なしで踊ることがあり、多くの動物は、多種多様な理由のために、より包括的な定義を満たす動きをする。

たとえばミツバチは、昔から記録が充実している「尻振りダンス」で巣の外の食物のありかを伝える。ダンスの角度が餌への方向と距離を示す。オスのガラガラヘビは交尾の権利をめぐって、しなやかに身体をくねらせるダンスで争う。ナミビアに棲むアンチエタヒラタカナヘビは、熱い砂丘で足が焼けるのを防ぐために踊る。コウイカは獲物を圧倒するために常時身を震わせ色を変える。オコジョは狂ったような「死のダンス」を踊る。これは、わかっている範囲では、獲物を幻惑するためかもしれないし、脳の感染症が引き起こすものかもしれない。ハシナガイルカは、水面から豪快に跳躍して、身体から寄生虫を取り除いているのだと考えられている――あるいは、楽しみのためにジャンプしているということもありえないことではない。

野鳥の場合、ダンスは普通、誘惑の手段に限られている。アメリカシロヅルは浮きあがるような垂直離陸、ハイキック、バレリーナのような三六〇度ターンがそろった複雑な求愛誇示を行なう。ニューギニアの奇妙なフウチョウは、ハエが群がっているような暗い点を頭のまわりにちりばめた特殊化した羽毛を持ち、メスの前で気取るときの姿は、きらめく空飛ぶ円盤以外の何ものでもない。クラークカイツブリは水上で踊る。ひとしきり頭を上下しあったあと、つがいはシンクロナイズド・スイミングのように互いの動きをまねながら、ジェットボートのように湖面を走っていく。

鳥の中で一番のダンス名人は、たぶんマイコドリだろう。熱帯に棲む鳥の一族で、どれもルービックキューブより小さいが、おしなべて鮮やかな色をしている。マイコドリにとっては派手なだけでは十分ではない。メスは相手にダンスを求める――それも一羽ずつではなく一度に全員に。オスのマイコドリは、鳥の世界で最大のダンス大会に出場するため、中南米の熱帯雨林の密生した暗い低木層に集まる。それぞれの種は独自の動きを完成させている。たとえばキモモマイコドリは、マイケル・ジャクソンのムーンウォークとして通用する動きで、枝の上を横滑りする。キガタヒメマイコドリは翼を一秒間に一〇〇回打ちあわせ――ハチドリの二倍の速度だ――機械的な震動音を断続的に立てる。もっとも極端な種では、中米のオナガセアオマイコドリのように、ダンスチームを結成する。二羽のオスが一緒になって、脈のありそうなメスの前で、鳴きながら一羽がもう一羽の背後へと飛ぶ車輪のような動きのきっちりと振り付けられたダンスをする。事前の申しあわせで、その後二羽のうちの一羽が相手を得て、あとの一羽は近くの茂みに座っている。一組のオナガセアオマイコドリのオスは、時にこのような共同作業を五年間行ない、一流のダンサーとしてジャングルでの評判を積み重ねる。そしてボスが死ぬと、助手が新しい見習いを連れてその地位を引き継ぐ。これは動物界で発見された、オス同士が協力するディスプレイの唯一の事例だ。ボーイバンドはヒトに特有のものではない。

しかし「エブリバディ」のような歌をいきなり流しても、マイコドリだって困ってしまうだろう。その動きは複雑だが、振り付けはいつも同じで、テンポも一定だ。そして彼らは自分の鳴き声だけに合わせて踊る。厳密に言えば、これはダンスなどではない。ほとんどの辞書は「踊る」という動詞の第一の定義の中で、動きと外部の拍子に触れている。マイコドリに動きはあるが、リズムはない。

こうしたダンスする動物の事例に、狭い定義を満たすものは一つもない。動物たちの動きはおもしろいが、それは拍子にあわせたダンス（独特の認知能力）の進化を明らかにするわけではない。そのためスノーボールは特別なのだ。彼はダンスを、たまたまかかっているどんな音楽にも、それがスロージャムであれポルカであれ、あわせることができる。彼のリズムは少しばかり大ざっぱだ——パテルはスノーボールの同調能力を小さな子どもくらいと見ている——が、それでもこのオウムはたしかに音楽が聞こえると踊っている。スノーボールが興味深いのは、かつて人間とそれ以外の踊る動物を分けると考えられていた一線をまたいでいるからだ。

ここで疑問がわいてくる。スノーボールは一羽かぎりの奇妙な存在なのか、それとも他の動物も未知のダンス能力をはぐくんでいるのか？　誰かがジャングルにラジカセを山ほど持ち込めば、南米のマイコドリは一九九〇年代で最悪のティーンポップを、みんなそろって思う存分楽しむかもしれない。科学者は長いあいだ、動物は踊れないと決めつけていたので、あまり熱心に証拠を探してこなかったのだろう。世界中で人間以外のダンスの才能を探すのに、どこから手を着けたらいいのだろうか？

アニルド・パテルがスノーボールの分析に余念がなかったころ、ハーバード大学で心理学の博士過程の学生だったアデナ・シャクナーは、スノーボールがブレイクしたのと同じ場所——ユーチューブ——で踊る動物を探してみることを思いついた。シャクナーは特に、音楽とダンスが最初ヒトにどのようにして発達したかのさまざまな理論に興味を持っていた。音楽の起源に関する基本的な事実についてさえ、心理学者の意見が一致しているようには思われず、シャクナーは、動物が人間の進化に関して、何らかの手がかりを与えてくれるかもしれないと考えた。

広く調査を進めるうちに彼女は、動物が本当にリズムに乗って踊っているところを見せたユーチューブの動画を、できるだけ多く科学的に分析してみることにした。これは「踊るネコ」「踊る鳥」「踊るサル」のような語句での検索結果のページを延々繰っていき、ガイドライン（動物の存在、リズミカルな音、周期的な動き、その他範囲を狭めるための一般的基準）に沿って動画を採点するということだ。ほとんどの動画は明らかに研究の候補ではなく、シャクナーはすぐに、かわいい子犬、おかしなネコ、しゃべるハムスターなどのインターネットの底なし沼に沈み込んでいった。

たとえば「踊るイヌ」の上位の検索結果には、キャリーという名のイヌが、ドレスを着て、後脚でバランスを取りながら飼い主とメレンゲを踊っているところを写したものがある（動画についた視聴者のコメントは、紙幅の関係でここで全部紹介することはできない。なにしろ一五〇〇万回近くも再生される過程で書き込まれたものだからだ。ただ、一番高い評価がついたコメントは「私はインターネットの終点に到着しました。回れ右をしてこのまま進んでいこうと思います」というものだった）。

代わりに「踊るネコ」を検索すると、さまざまな曲に合わせたばかばかしいペットの動画が山ほど出てくる。たとえば「挑発的なダンスをしたくてたまらないネコの心温まる物語」と説明がついた延々と続く動画「キティ・キャットのダンス」のような。視聴者の反応は「毎日観てます」から「brain.exeは動作を停止しました」まで多岐にわたる。

あとでシャクナーは、ユーチューブが楽しかったのは初めの二、三時間だけで、あとは動画を観るのが耐久試験みたいなものになったと嘆いている。それでも、彼女は約五〇〇〇本の動画を集め、その中から動物がリズミカルな音の中で動いている様子が映っている、あつかいやすい四〇〇本を選んだ。ビートとの同調を示す動画の一つひとつについて、その動物が本当のリズムを見せているのかどうかを判断するために、彼女はパテルがスノーボールに使ったのと同じ慎重な分析技術を用いた。調査対象で多かったのはフェレット、イヌ、オウム、ウマ、ネコ、アホウドリ、ハト、ゾウ、リス、イルカ、魚、ほか数十におよび、チンパンジーやオランウータンも含まれていた。

最終的に、同調したダンスの徴候があるものはわずか三三だった。そのうちオウムが二九本――一四種――を占め、あとの四本はアジアゾウだった。

ごく控えめに言っても、この結果はスノーボールが唯一の存在ではないことを示していた。カリフォルニアの有望株のオウム、フロスティーは、いみじくも「尾羽を振れ」と題した歌を独自の解釈で生き生きと歌って、スノーボールのユーチューブでの再生回数を追い抜いた。動画の解説で、フロスティーの飼い主はこう宣言している。「フロスティーのダンスには地球上のどの鳥も圧倒されるよ！」

だがオウムとゾウ以外に予選を通過した動物はいなかった。何十匹という踊るイヌやネコを分析したものの、その中の一部（特にイヌ）は複雑な競技会で飼い主と演技するように、何年も訓練を積んでおり、一匹として自然にビートに合わせて動いている証拠は見つからなかった――メレンゲのスター、キャリーさえも。ふかふかのペットたちは飼い主の指示に頼っているか、音楽を背景にでたらめに跳ね回っていた。

類人猿に関して証拠がなかったことは特に注目に値する。オウムやゾウ――そして私たち――と、われわれの近い親戚であるサルや類人猿とを分けるものは一体何だろうか？

音声模倣とリズム感覚

　シャクナーは独自の理論を温めていた。以前パテルが提唱し、スノーボールの研究で強化されたダンスの秘密は、音声をまねる能力と結びついているというものだ。言語、音楽、ダンスには相互に密接な関係があることが知られている。一つの分野に秀でた者は、他の分野でも優秀さを見せることがあるのだ。パテルは、音声模倣をする動物だけが、互いにまねしあって意思の疎通のしかたを覚えるために、動きを外部の拍子と同調させる潜在能力を持つのだと主張した。音声模倣する動物では、音の認知が運動能力と必然的に結びついている。彼らは聞いたものに合わせて動くのだ。

　わかっているかぎりでは、本当の意味で音声模倣をする動物は比較的少ない。鳴禽類、オウム、ハチドリ、クジラ、イルカ、ネズミイルカ、セイウチ、アザラシ、アシカ、ゾウ、一部のコウモリ、そしてヒトだ。このリストには意外に思われそうなものもいくつか含まれており、またオウムとゾウの両方が入っている——だが、ヒト以外の類人猿がないのは印象的だ。

　脳の構造がこの理論の裏付けになりそうだ。音声を模倣する鳥は大脳基底核が変容していることがわかっている。ヒトの脳で、音楽の拍の識別に役立っている部分に対応するものだ。これは模倣とリズムが関連している機械的な理由かもしれない。聴覚と運動能力をつかさどる脳の部分が、音声を模倣する動物では物理的に密接に結びついているのだ。

　ユーチューブの研究の結果、音声模倣が音楽の拍を知覚する能力を予測するのに役立つと、シャクナーは確信を持った。彼女は別に、スノーボールともう一羽のオウムの事例分析も行なった。もう一羽とはアレックスという名のヨウムで、動物心理学者によって数十年にわたり詳細に研究されていた古顔だ（この鳥の名前 Alex はまさに「Avian Language EXperiment」――鳥の言語実験――の略語だった）。スノーボールもアレックスも明らかにダンスの訓練を受けていないが、いずれもそれまで聞いたことのない音楽に対して、自発的な同調の様子をはっきりと見せた。最後に、シャクナーは同じ方法を九匹のワタボウシタマリン、体重が五〇〇グラムほどしかないコロンビア原産のサルの一種で試した。タマリンはシャクナーの音楽を楽しんだかもしれないが、それに合わせて踊ることはなかった。

だが、もし音声模倣をする動物がすべて踊ることができるとすれば、ハチドリやコウモリも、リストにある他の動物と共に仲間入りすると考えられるだろう。なぜオウムとゾウとヒトだけなのだろうか？パテルもシャクナーも、それが完璧な理論ではないと認めている。言えるのは模倣が拍子に合わせたダンスの前提条件だということだけだ。たぶん他にも前提条件があって、その中には社会性（「闘うハチドリ」と題した章で述べたように、これはさっそくほとんどのハチドリを除外する）、すぐれた認知水準（これはオウム、ゾウ、ヒトとの関連でうなずける）、音だけでなく動きもまねしようとする欲求などがあるのだろうということで、二人とも一致している。スノーボールは飼い主とよく一緒に踊っており、その腕を羽ばたかせる動作をまねたように思われる（ただしアイリーナ・シュルツは、スノーボールは自分で動きを編み出し、誰もいない部屋で音楽をかけっぱなしにしても踊ることがあると主張する）。手本がなければ、スノーボールはその行動を一切学習することがなかったかもしれない。同じことがユーチューブの踊るペットのオウムすべてに、もしかすると言えるのではないだろうか。

そして音声模倣仮説が正しいとしても、その考えが動物界で大きな重要性を持つかどうかはっきりしない。野生のオウムは、やはり音声模倣に優れているが、踊らない。野生のゾウも踊らない。ゾウは明らかに学習能力と記憶力が発達しているのにだ。今、オウムにはその能力があることがわかった。だが音楽の拍にあわせて踊ることには、人間の文明の外で生きる生物にとって実用的な利益はないとしか考えられない。ダンスは、野生動物の行動という意味では、このように心理学的に興味深いおまけ程度の意味しか持たなくなる。

だが人間には、その前提は当てはまりにくい。踊るオウムは、人類の音楽の歴史に関する最大級の論争に影響を与えるかもしれないと考える研究者もいる。

音楽は進化に必要か

現代音楽の進化ということに関して、研究者は二つの陣営に分かれる。ある者は、音楽は生物学的には役立たずだと言う——大きく複雑なわれわれの脳の副産物にすぎないと。またある者は、音楽はヒトにとって適応的意義があるので、自然選択を通じて進化したにちがいないと表明する。答えは古代史の闇の中だが、それでも論争は止むことがない。

ほかならぬダーウィンもこの疑問には頭を悩ませていた。「音楽を楽しむことも、音楽をつくり出す能力も、ともに人間の通常の生活に関して直接の役に立ってはいない」（長谷川眞理子訳　文一総合出版）と、一八七一年に出版された『人間の進化と性淘汰』にダーウィンは記している。一方で彼は、音楽が「最も未開な人種をはじめとして、すべての人種に」備わっていると述べている。

すべての文化は何らかの形で音楽を取り入れている。それはきわめて普遍的なため、音楽は人間であることのある部分を満たすにちがいない。音楽の能力は根元的な形で埋め込まれている。子どもはそれほど指導しなくても歌い踊りはじめ、最近の研究では生後二、三日の眠っている新生児でさえ、一連のドラムのリズムにある拍を感知できることがわかっている。

しかし一九九七年にスティーブン・ピンカーが、ベストセラーになった『心の仕組み』で論じたように、音楽は私たちが何者かを定義するのに役立つが、私たちが生きていくのに必ずしも役立たない。ピンカーは、音楽は人間にとって実用的な用途に貢献しないとするダーウィンの主張に同意する。音楽がなくても、人間はなお食料、住居、配偶者、その他生活の基礎を確保できる。他の動物はオペラを書いたりアイチューンズで曲をダウンロードしたりしないが、それでもちゃんと生きている。コンドルは、音楽に夢中になって我を忘れないに越したことはないだろう。

ピンカーは、音楽をはじめとして芸術一般の進化は、単に言語やその他、脳の複雑な機能の副産物だと示唆し、音楽は「聴覚のチーズケーキ」――必要以上の脂肪や油のように「脳の快楽の回路」を刺激するために設計されたものだと主張する。おもしろいものではあるが、音楽は本質的に余計なものだと、ピンカーは言う。

想像どおり、この聴覚のチーズケーキという前提は、芸術家、音楽家、歴史家など音楽が私たちの人生をとても豊かにしてくれると信じている人々には、どこを取っても受けがよくない。そして進化生物学者の多くも同意せず、音楽は副産物としてではなく、自然選択の適応的意義として進化したのだろうと提唱している。対抗陣営は音楽の起源として考えられる異論をいくつも出している。

ある人気のある説は、私たちの音楽のルーツは「母親言葉」、つまり家族の絆を深める母親と赤ん坊のささやきコミュニケーションに遡れるという。現代の親も、おそらく何千年も前からしてきたように、子どもに向かって甘くささやく。赤ん坊の前で声を変える習慣は本能的なもののようだ。たぶんその本能が、声を他の状況に適応させるように、徐々に私たちを誘導したのだろう。

もう一つの考えは、音楽の起源は誘惑であるとするものだ。動物の多く、特に鳥は、つがいになれそうな相手のために美しいメロディで歌う（ビートは刻めないにしても）。私たちの歌も、クジャクの尾羽のように、何世代もかけて徹底的に選択された誘惑のための洗練された儀式なのかもしれない。これが正しいのではないかとダーウィンは結論しているが、自信がないようでもある。ダーウィンは、歌でなわばりを維持しメスを呼ぶオスのテナガザルから発想を得ている。

ダーウィンは、音楽は言語より古いという、もう一つの説についても言及している。これは前に挙げたどの説とも矛盾しない。簡単なコミュニケーションの手段として地球上の音をまねていたのが合体して、単語、文法、近代的な統語法ができたとダーウィンは言った（アメリカの傑出した言語学者で政治活動家、ノーム・チョムスキーは、文法はすべての言語に普遍的であると述べ、われわれは、どれほど違う言葉を話していようと、みな同じ規則に従っていると指摘した）。

別の研究者たちが最近、この議論を再開した。心理学者のスティーブン・ブラウンは音楽言語仮説を唱えている。これは人類の進化史のある時点で、言語と音楽は同一物だったと考えるものだ。アニルド・パテルが脳イメージングで発見したように、私たちはこの二つを似たやり方で処理しており、また言語と音楽には共通点が多く、ある意味で今でもはっきりとした区別はない。どちらも高さ、音調、分節、旋律、拍の要素を含む。いずれも事実を伝え、感情を運ぶために使うことができる。一部の言語、たとえば中国語では、音調を変えるだけで異なる意味の語を使い分けられる。

人類が音楽言語に至った過程は簡単に想像がつく。初期人類は仲間に意味を伝えようとして、風、水、他の動物など周囲の世界の音を模倣しはじめた。その模倣が言葉の形成につながり、それが徐々に複雑で抽象的になっていった。子どもは親が発する音をまねることを学び、コミュニケーションのシステムが世代から世代へと伝えられていった。

リズムはどうだろう？　それは一部で言われるように、ヒトの基本的な歩調と関係があるのだろうか？　それとも社会集団を同調させる方法として——軍隊を戦闘の恍惚にゆだねる手段としても——進化したのだろうか？　私たちが初期の音楽と共にビートを保つ能力を発達させた可能性はありそうだが、音は化石など長期的な痕跡を残さないので、メロディとビートのどちらが先か、私たちが知ることはないだろう。

スノーボールの音楽に同調する能力は、隠れたオウムの才能を明らかにしている。それはわれわれ人間の反映だ。もしも、アニルド・パテルとアデナ・シャクナーが考えるように、リズムが音声模倣から起こるものなら、それは音楽言語説の証拠となりうる。その場合、音楽分野全体が模倣から生まれたことになるだろう——著作権に取りつかれた最近の音楽産業にとって最高の皮肉だ。

だがパテルとシャクナーの研究結果は反対に向かい、音楽が進化の一風変わった副産物にすぎないというスティーブン・ピンカーの主張を直接支持しかねない。いずれにしてもシャクナーはそう考えているようだ。「観察された行動が自然の行動レパートリーに存在しないのなら」と彼女は記している。「それには適応度を高めたり低めたりする潜在力がなく、したがって選択は直接には有利にも不利にも働かないはずだ」。言いかえれば、ビートに合わせて踊るような野生に存在しない行動は、動物の最終的な生存に影響しないので、適応的意義として進化することはありえないのだ。オウムは、少なくともヒトと一緒にいなければ、音楽に合わせて踊ってもしかたがない。その音楽に同調する能力は、オウムがそれを副産物として進化させたにちがいないことを表している。

この推論は当然のように人間にも延長できるだろう。オウムが音声模倣によって偶然にもバックストリート・ボーイズに合わせて踊れるようになったのだとすれば、人間はそうでないとは言えまい。同じメカニズムが両方に当てはめられるだろう。

この考えは見かけほど残念なものではない。音楽を味わうようになったいきさつがどうであっても、私たちが音楽を楽しむことにはやはり意味がある。現代文化の多くの面が、自然選択のがさつな世界と直接のつながりがあるわけではない。それはいいことだ。それが私たちを人間たらしめているのだから。音楽が聴覚のチーズケーキだろうが先史時代の鬨(とき)の声だろうが、その強い影響力に変わりはない。

スノーボールに訊けばいい。その全存在が、少なくとも人間にとっては、音楽への愛によって証明されている。でもどうか、すべての羽を持つものたちのために、誰かこの鳥に音楽の趣味というものを教えてやってほしい。

ニワトリのつつき順位が崩れるとき

ニワトリの話をしよう。

二十世紀の終わりには、世界の家禽の数はほぼ四対一でヒトを上回り、地球上でもっとも多い鳥類として知られるようになった。実はニワトリは、爬虫類、両生類、哺乳類、鳥類を合わせた中でも一番数が多いのだ。以上。世界には常に、約二〇〇億羽のニワトリがいるが、ほとんどはあまり長く生きられない。平均的な北アメリカ人は一年に鶏肉を二三キロ以上（ニワトリ二七羽分に相当）食べ、重量で比較すると牛肉より若干少なく豚肉よりやや多い。

バードウォッチャーはニワトリを軽視しがちだ。家畜化された種は公式の観察記録に載せる適性を欠くからだ。トラがうようよしているインドの密林を歩き回って、今もわずかに生息する野生のセキショクヤケイ――熱帯に棲むマックチキンの先祖――を見たのならともかく、家禽を観察してもあまりほめられないだろう。しかしよく知っているというほかに理由がなくても、私たちはニワトリに注目すべきなのだ。

農場の鳥から世界について学べることはたくさんある。そのことを百年前にノルウェーの六歳の男の子が教えてくれた。

その小さな男の子は、オスロ郊外で母親が飼っているニワトリの世話をしていて、毎朝餌を与える鳥の奇妙な点に気づいた。腹を空かせた鳥が二羽、餌台で顔を合わせると、片方がもう片方に必ず場所を譲って、自分の番をじっと待っているのだ。感謝祭のごちそうを取りあって争う乱暴なティーンエージャーのようなことはなく、ニワトリはほとんど騒がずたいてい整然と列を作っていた。

さらに、その順序は完全に予測できた。ある特定の雌鳥はつねに最初に餌を食べ、二番目の個体、三番目と続く。水皿のところでも、その行動は同じだった。もし割り込むものがいても、前にいる鳥につつかれて阻止され、すぐに退却する。

十歳になるころには、トルライフ・シェルデラップ＝エッベは観察結果を詳しくノートに記録するようになっていた。彼は、餌の列の順番は攻撃にもとづくことを発見した。ある雌鳥が、何らかの理由で、いつも他の鳥より優位に立つのだ。そこでシェルデラップ＝エッベ——トールと呼ぶことにしよう——は、自分の考えのつじつまがあうかどうか、科学的に解明しようと、母親の鳥小屋に飼われていたニワトリのあいだの攻撃的交渉を表にした。

観察結果を集計すると、あるパターンが現れた。最上位の鳥は、折に触れ小屋にいるほかのニワトリを、一羽残らずつついたが、つつき返されたことはなかった。第二位にいた別の雌鳥は、最上位を除くすべてのニワトリをつついており、最上位のもの以外につつかれることはなかった。このような傾向が一番最後の気の毒な雌鳥までずっと続いた。この鳥は小屋にいるほかの鳥すべてからつつかれていたが、自分からは一度もつつくことがなかった。第一位の鳥は必ず最初に食べ、最下位の鳥は屑ばかり食べていた。

トールがこのような観察結果を蓄積するのには何年もかかった。彼の群れは序列に安住していて、互いに攻撃的な行動を取ることがめったになかったからだ。下位の雌鳥は自分の地位を受け入れ、上昇しようとしたがらなかった。全体的に見て、それは不平等であってもかなり平和な制度だった。

もっともこのシステムは必ずしも完全に直線的ではなかった。場合によっては、AがBをつつき、BがCをつつき、CがAをつつくことがあった。トールはこの状況を「三角関係」と呼び、そしてハリウッド映画の恋愛話のように、三角関係は興味をそそった。理論や説明を与えようとするよりも――のちにそうする人もでてくるが――トールはニワトリの行動を細かく記録し続け、やがてそのデータを使って一九二二年に博士論文を書いた。トールはこの階層制をハックオルドヌングと呼んだ。このドイツ語を英語に翻訳したものが「ペッキング・オーダー（つつき順位）」だ。この用語が使われたのはこのときが初めてだったが、一九五〇年代には日常語の中で決まり文句のように人間に対して使われるようになった。

この社会階層の概念は、養鶏業者にとってはさほど目新しいものではなかった。ニワトリは家畜化されてからおよそ四千年たっており、年季の入った養鶏家なら、鳥小屋にいる一部の鳥が他のものたちを支配していることを教えてくれるだろう。長い年月をかけて、農家はニワトリのつつき順位について基礎的な事実を学んできた。優位は大きさに関係するが、相関はそれほど強くない。老練でずる賢い鳥は、単なるでかぶつより高い地位につく可能性がはるかに高い。また、新しい雌鳥をすでにある群れに入れると、間違いなく争いが発生する。それは金曜日にやれ、と知識のある農家は言う。そうすれば二、三日のあいだ成り行きを見ていられるからだ。新しい鳥を暗くなってから鳥小屋にこっそりと入れる。ニワトリたちは眠くなる時間で、新入りがうっかり誰かのお気に入りの寝床を奪ってしまうこともない。新しい鳥を一羽だけ古い群れに入れてはならない。一度に少なくとも二羽入れれば、手を組んで協力しあうことができる。

しかしトールはニワトリの社会的不平等という概念を科学的に裏付けた最初の人物だった。今日そのノートは、順位制を研究する学究のほぼ全員が、転換点として参照している。トールは行動研究のまったく新しい分野を開拓したと言う者もいる。

天才の多くがその生きた時代にそうであったように、トールの業績は称えられはしなかった。それは当時、危険なまでの擬人化と見られた。学生新聞に自分の担当教授――たまたまノルウェー初の女性教授だった――を批判する記事を匿名で書いたという噂を競争相手に流されて、トールの評判は修復不能なまでに損なわれ、博士号も受けられなかった。

「つつき順位」という用語を作った人物は、皮肉にもつつかれて屈服させられ、忘れ去られてしまったのだ。

ワールド・ツアー・ファイナルとニワトリ

ニワトリの話に戻ろう。しかしまず、しばらくテニスの話をしなければならない。

毎年十一月に、世界ランキング上位八名の男子テニス選手が、ワールド・ツアー・ファイナルという大勝負のために集結する。昔から各シーズンの十カ月にわたる過酷な競技スケジュールを締めくくる年末の選手権大会だ。一九七〇年以来、このイベントは一五の都市を巡回し、カーペット、グラス・コート、ハード・コート――屋内、屋外両方――でプレーが行なわれた。この大会の優勝者には古今の名選手たちが名を連ねている（ロジャー・フェデラー、ピート・サンプラス）が、中には聞いたことのないような選手も一人か二人混ざっている（マニュエル・オランテス、ミヒャエル・シュティヒ）。そのあいだずっと、一風変わった形式がトーナメントでは維持されてきた。

たいていのテニス・トーナメントは、試合を一つ落としたらそこでおしまいの勝ち抜き戦で行なわれる。選手の半数が各回戦で勝ち進み、最後に一人だけが残る。勝ち抜き戦は単純で、残酷で、時に予測不能だ。調子の悪い日が一日あれば、それまでだ。この形式はまた、効率よく勝者を選べる。参加選手が一二八名なら、トーナメントに勝つために七試合生き残ればいい。

しかしワールド・ツアー・ファイナルは、選手が八人しかいない、性格の違うイベントだ。テニスのスター選手同士が対戦する機会はめったになく、誰もがこの注目の大会を待ち望んでいる。トーナメントの主催者は、普通の勝ち抜き戦方式に代えて、半総当たり戦形式で行なうことにした。参加者は四人ずつ二グループに分けられる。各グループの中で各選手は全員と対戦し、各グループの上位二名が準決勝へと進み、従来どおりの決勝に至る。

テニスのような、ランキングが比較的しっかりしていてトップクラスの能力の差が少ないスポーツでは、総当たり戦形式によってまぐれを減らすことができそうだ。優れた選手に不調の日があっても、次のチャンスがある。過去四十年のワールド・ツアー・ファイナルの優勝者のリストをざっと見ると、この考えが裏付けられる。ロジャー・フェデラーは六回優勝している。ピート・サンプラスとイワン・レンドルはそれぞれ五回だ。

だがこの総当たり戦は混乱を招くこともある。二〇〇六年、一つのグループで三人の選手——アンディ・ロディック、イワン・リュビチッチ、ダビド・ナルバンディアン——がそれぞれ一勝し、堂々巡りめいた結果になった。ロディックはリュビチッチに勝ち、リュビチッチはナルバンディアンに勝ち、ナルバンディアンはロディックに勝ったのだ。この三すくみ状態は、セットを一番多く取った選手（ナルバンディアン）を進出させることで解消されたが、すっきりしない最終結果だった。

総当たり戦トーナメントは本当のランキングを反映するように思われるかもしれないが、実際にはそうでないことも多い。

たとえば二〇〇七年、男子プロテニス協会が、他のいくつかの大会で総当たり戦方式を試してみると、ことはうまく運ばなかった。この年のラスベガスでのトーナメントでは、アメリカの前回優勝者ジェイムズ・ブレイクがアルゼンチンのファン・マルティン・デル・ポトロと準々決勝で対戦した。このときデル・ポトロは気分が悪くなり、第二セットの途中で棄権を申し出た。ブレイクは圧倒的なリードを奪っていて、試合を終えていたら楽々準決勝に進出していただろう。だが試合が中止されたので、ブレイクには準決勝進出の資格がなくなってしまった。すぐに猛抗議が起きた。一時はブレイクの進出がともかく決まった。翌日、決定はくつがえった。何もかも実に見苦しく、わかりづらかった。

一カ月のうちに、総当たり戦の発想はこっそり廃棄され、公式戦はすべて勝ち抜き戦方式に戻った。この実験は、男子テニスにとっては失敗だったが、プロスポーツ界の上層部が長年抱いていた疑問に注目を集めた。手当たり次第に対戦しても揺るがない、本質的で絶対的な能力の序列がトップ競技者のあいだにあるのだろうか？　それとも勝ち抜き戦のような残酷な制度だけが、はっきりとしたランキング表を生み出すのか？　答えは、そのあいだのどこかにあるようだ。

こんなことがニワトリとどう関係があるのか？　実は大いにあるのだ。テニスのランキングは、直接対決を基本にした競技者同士のつつき順位だ。このシステム――ワールド・ツアー・ファイナルから裏庭の鶏小屋まで――は想像以上に三角関係的なのだ。

ニワトリの三角関係

理想的なつつき順位は、はしご段のように完全に階層的で、同じ階級に二つの項目がない。これは数学で推移性として知られるものだ。AはBより大きい、BはCより大きい、という具合にリストが続く。多くのものが推移的だと考えられる――鶏小屋のつつき順位、プロテニスのランキング、無作為に一〇人を選び、体重が重い人から軽い人まで並べたとき。しかしこの種の階層に特に向いている性質がある。体重のような絶対的数値は、常に完全に推移的だ。別の、私たちがしばしば絶対的だと思うもの――鶏小屋やテニスコートでの優位――は、常に完全に測定できるわけではない。

一部の鳥類学者は、推移的関係を総合的な知性の試験に利用してきた。鳥は、ばらばらな情報の断片に論理を当てはめることで、順位を推論できるのか？　もっとも単純な例では、鳥はAとBの選択肢から一方をくりかえし選ばされ、Aを選べば報酬が、Bを選べば罰が常に与えられる。BよりAが好ましいことを学習したら、鳥はBと第三の選択肢Cのあいだで新たな選択を提示される。しかし今度はBを選べば報酬が、Cを選べば罰が与えられる。こうして、AをBより好むことを覚えたあとで、鳥はCよりBを選ぶことも学習する。ここからがおもしろいところだ。この訓練を受けた鳥は、AとCという新しい選択をどうするだろう？　Aを選ぶだろうか？

実験によってハトは（そしてサルを含めた他の動物は）一般にAの選択肢を選ぶことがわかっている。見たところ、A＞BでB＞CならばA＞Cであるという心理的飛躍を起こしたようだ。現実に、ニワトリはこの種の推論でつつき順位を効率よく決定しているのかもしれない。小屋の中のある鳥が、別の鳥よりも優位にあり、その鳥が第三の鳥より優位にあれば、最初の鳥は第三のものに対して力を示す必要はない。だが、たぶんこれはそれほど簡単ではない。実験室のテストは、実際に起きていることを説明するには単純すぎるかもしれない。たとえば、訓練された鳥がCよりAを選んだのは、Aを選ぶことで常に報酬を与えられ、別の組みあわせでCを選んだときに罰を与えられたからかもしれないからだ。

そこで実験はもっと複雑になる。今度は、鳥を三つでなく五つの選択肢で訓練し、A＞B、B＞C、C＞D、D＞Eであることを教える。これらの組みあわせをそれぞれ確実に覚えたら、鳥はBとDのどちらかを選ばされる。どちらも訓練中半分の割合で報酬を与えられたものだ。ハトは、実際に、DよりもBを選び、推移的順序を探知できることを示唆している。しかしこの実験もまだ単純すぎるかもしれない。ハトがBを選んだのは、それが優勢なAと一緒によく見られたからかもしれず、Dを退けたのはそれが劣勢なEと並んでいたことが多かったからかもしれないからだ。これが「価値転移」仮説であり、実際に見られるものだ。たとえば平凡な男が女性の気を引こうとして、フェラーリを乗り回す金持ちの友人の取り巻きに加わるようなときだ――往来でたまたま会った誰かより、フェラーリの助手席にいる人間のほうが好まれることを彼らは願っているのだ。価値転移は現実に存在し測定できるが、残念ながらその影響を除外できるような複雑な実験を考え出すことは事実上不可能だ（訓練によってハトが一生のうちに識別できるようになる選択肢は、通常最大で七個だが、それでも足りない）。

こうした実験室でのテストの問題点は、ハトでもニワトリでも他の動物にとっても、表面的な報酬のために色のついたボタンをつつくことに本質的な価値はないことだ――実験目的で鳥があるボタンを他のボタンより好むようにするには、辛抱強く訓練しなければならない。一方、鶏小屋のつつき順位には、すぐに実質的な報酬と重要性がある。鳥はケンカ相手の選び方をすぐに学ばなければ、ひどい目に遭わされる。

現実世界の証拠は、明らかにニワトリが、つつき順位での自分の地位を論理的に推論できることをしめしている。見慣れない鳥が階級の高い個体と対決しているのを見たニワトリは、新入りが負けた場合、あとでそれにケンカを売る傾向が強い。新入りが古参の優位のニワトリを負かすと、ほかの鳥はたいてい挑戦しようとしない。この戦うか否かの決断が、つつき順位自体に影響していると、証明できた者はいない。だからニワトリが、考えられているような論理を使ってその階層を組み立てているのかどうかには、議論の余地がある。しかしこの観察結果は興味深いものだ。

もしニワトリが本当に上下関係を比較して、小屋の中の鳥すべてと戦わずに隙間を埋めることができるのなら、つつき順位は、知能が高いとは普通考えられていない生物の知性が現れたものに思える。それはなかなかすばらしいことだ。

以下の紙とペンを使った実験、つつき順位の――多くの場合不完全な――機能のしかたを自分の手で確かめてみよう。

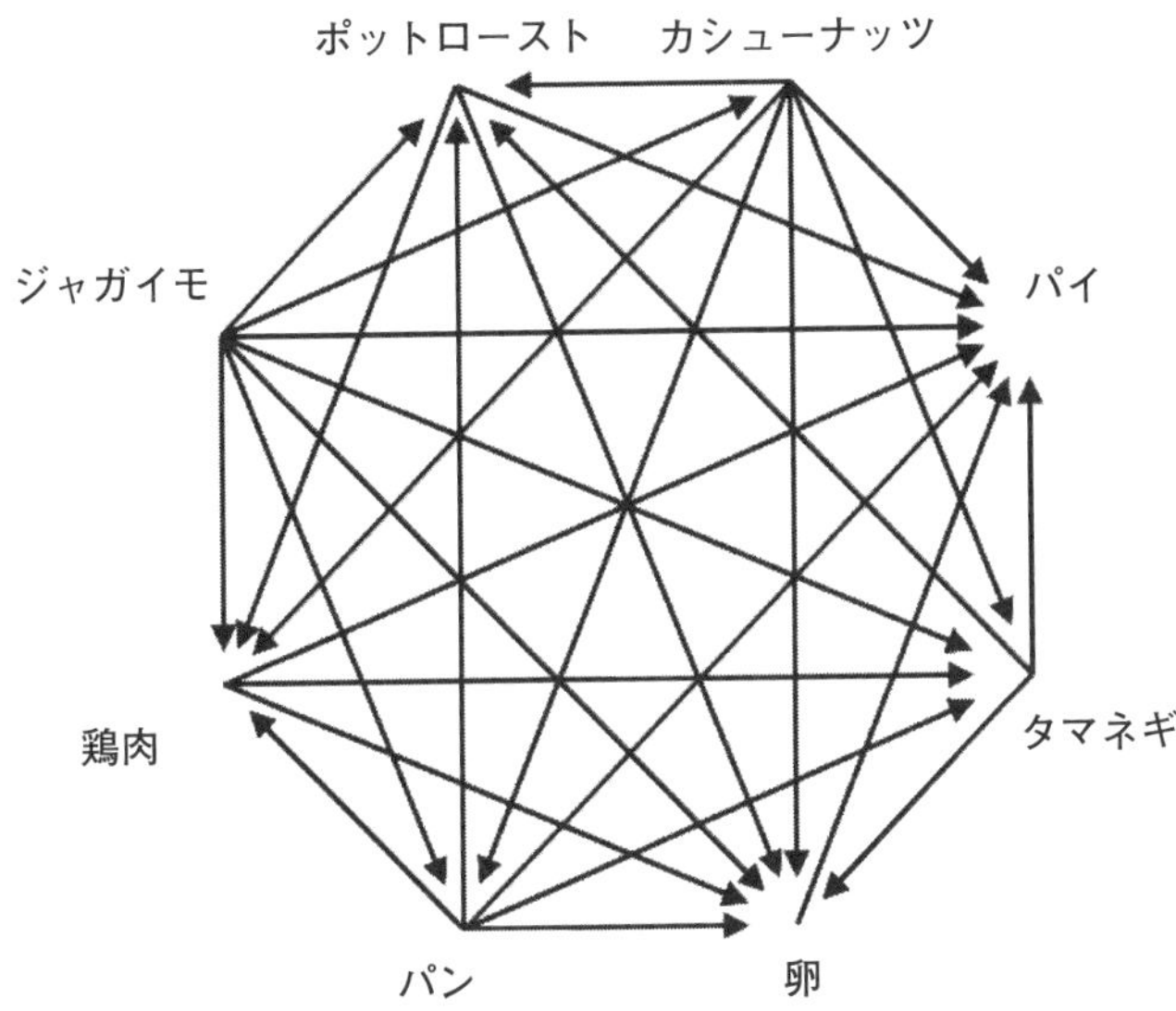

1．紙に大きく八角形を描く。

2．八角形のそれぞれの頂点から他のすべての頂点に線を引く。

3．八種類の食べ物を思い浮かべ、すべての外角に一つずつ書き込む。図は八芒星が内接して角に食べ物の名前がついた一時停止標識（訳註：アメリカの一時停止標識は八角形をしている）のようになるはずだ。

4．あまり深く考えずに、それぞれの組みあわせでどの食べ物が好きかを決める。それぞれの直線に、自分の好みのものに向かって矢印を書き込む。

5．八種類の食べ物がそれぞれいくつ「勝ち」を得たかを数える。

私がポットロースト（訳註：牛肉の蒸し焼き料理）、カシューナッツ、パイ、タマネギ、卵、パン、鶏肉、ジャガイモでこの課題を試したところ、私はパイ（七票）をジャガイモ（〇票）より大幅に好んだ。意外ではない。カシューナッツとパンはそれぞれ一票と二票を取った。卵は六票で、パイに次いで二位となった――私は卵が大好物なのだ。しかし私の食物網のおもしろいところは中間域だ。タマネギ、鶏肉、ポットローストが各四票を得ている。完全な同点だ。

どうしてこうなったのか？　すっきりとした、次第に下っていく味の好みの階級を私は想像していた。一番好きなもの（パイ）は七票を得て、もっとも好みでないもの（ジャガイモ）はゼロ、残りはそのあいだにきれいに並ぶというように。八種類の食べ物に順番をつけただけなら、ゼロから七まで同点なしで点をつけるのは簡単だっただろう。しかし総当たり戦「トーナメント」方式によって違うパターンが生まれた。私はポットローストをタマネギより、タマネギを鶏肉より、鶏肉をポットローストより好むが、これでタマネギ、鶏肉、ポットローストの三角関係ができてしまった。A∨B、B∨Cだが、C∨Aと非論理的なのだ。

これこそ数学者がグラフ理論を用いて総当たり戦を描写する方法、対象の集まりの関係の研究だ。

このようなトーナメントでの三角関係は、厳密な序列というものへの我々の想定とは無関係に、きわめて普通のことだ。二〇〇六年のワールド・ツアー・ファイナルが示すように、勝者は明確だとはかぎらない。数学者は堂々巡りの結果に名前までつけており、すべての選手が少なくとも一回の直接対決で負けたとき、総当たり戦を「逆説的」と呼んでいる。これはトルライフ・シェルデラップ＝エッベが二十世紀初め、自分の鶏小屋のつつき順位で気づいたものと同じ三角関係だ。

スタンレー・コレン［著］三木直子［訳］
◎3刷　2200円＋税
犬の行動について研究している心理学者が、犬の不思議な行動や知的活動を、人間と比較しながら解き明かす。

クレア・ベサント［著］三木直子［訳］
◎6刷　2000円＋税
群れない動物、猫が持つ、他の動物とのコミュニケーション手段とは。猫の心理と行動の背後にある原理を丁寧に解説。

ミツバチの会議　なぜ常に最良の意思決定ができるのか

トーマス・シーリー［著］片岡夏実［訳］
◎5刷　2800円＋税
新しい巣の選定は群れの生死にかかわる。ミツバチたちが行なう民主的な意思決定プロセスとは。

馬の自然誌

J. E. チェンバレン［著］屋代通子［訳］
2000円＋税
人間社会の始まりから、馬は特別な動物だった。生物学、人類学、民俗学、文学、美術を横断して語られる馬と人間の歴史。

《食を楽しむ本》

お皿の上の生物学

小倉明彦［著］1800円＋税
阪大出前講座！
味・色・香り・温度・食器……。解剖学、生化学から歴史まで、身近な料理・食材で語る科学エンターテインメント。

天然発酵の世界

サンダー・E・キャッツ［著］きはらちあき［訳］
2400円＋税
時代と空間を超えて受け継がれる発酵食。100種近い世界各地の発酵食と作り方を紹介、その奥深さと味わいを楽しむ。

価格は、本体価格に別途消費税がかかります。価格・刷数は2015年8月現在のものです。

総合図書目録進呈します。ご請求は小社営業部（tel:03-3542-3731　fax:03-3541-5799）まで

細胞が開く難病治療の道など、人体の進化と最新の知見に触れる一冊。

脳と人体探求

笹山雄一［著］　2200円＋税

人体の不思議を解明しようとした人々の奮闘努力は、まだまだあった。脳や皮膚、筋肉などを取り上げ、最新の知見も満載。

《農業の本》

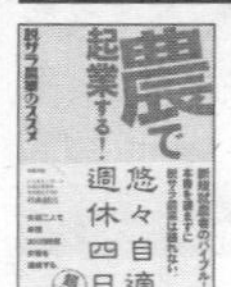

農で起業する！ 脱サラ農業のススメ

杉山経昌［著］◎27刷　1800円＋税

農業ほどクリエイティヴで楽しい仕事はない！　外資系サラリーマンから転じた専業農家が書いた本。

土の文明史 ローマ帝国、マヤ文明を滅ぼし、米国、中国を衰退させる土の話

D.モントゴメリー［著］片岡夏実［訳］

◎8刷　2800円＋税

土から歴史を見ることで、社会に大変動を引き起こす土と人類の関係を解き明かす。

ノーベル賞をとった壊血病薬まで

ヘレナ・アトレー［著］三木直子［訳］2700円＋税

柑橘類にまつわる年代記、レシピも収録。

日本の土

地質学が明かす黒土と縄文文化

山野井徹［著］　◎3刷　2300円＋税

火山灰土とされた黒土は縄文人が作り出した文化遺産だった。表土の形成を知る。

草地と日本人

日本列島草原1万年の旅

須賀丈＋岡本透＋丑丸敦史［著］　2000円＋税

半自然草地・草原の生態を、絵画、考古学などの最新知見を通して明らかにする。

緑のダムの科学 減災・森林・水循環

蔵治光一郎＋保屋野初子［編］2800円＋税

流域圏における「緑のダム」づくりの科学的理論と実践事例を、第一線の研究者15名が解説。

価格は、本体価格に別途消費税がかかります。価格・刷数は2015年8月現在のものです。

ホームページ：http://www.tsukiji-shokan.co.jp/

《大好評、先生！シリーズ》

先生、洞窟でコウモリとアナグマが同居しています！

雌ヤギばかりのヤギ部で新入りメイが出産、教授は巨大ミミズに追いかけられる……。
自然豊かな大学を舞台に起こる動物と人間をめぐる事件を人間動物行動学の視点で描く、シリーズ第9弾。

先生、ワラジムシが取っ組みあいのケンカをしています！

先生、大型野獣がキャンパスに侵入しました！

先生、モモンガの風呂に入ってください！

先生、キジがヤギに縄張り宣言しています！

先生、カエルが脱皮してその皮を食べています！

先生、子リスたちがイタチを攻撃しています！

先生、シマリスがヘビの頭をかじっています！

先生、巨大コウモリが廊下を飛んでいます！

小林朋道［著］　各1600円＋税

《植物・環境の本》

樹は語る

芽生え・熊棚・空飛ぶ果実

清和研二［著］ 2400円＋税

森をつくる12種の樹木の生活史を、緻密なイラストを交えて紹介。

大麻草と文明

J. ヘラー［著］ J.E. イングリング［訳］

2700円＋税

栽培作物として華々しい経歴と能力をもった植物・大麻草の正しい知識を得る一冊。

ナチスと自然保護

景観美・アウトバーン・森林と狩猟

フランク・ユケッター［著］ 和田佐規子［訳］

3600円＋税

ドイツ自然保護の実像を鮮やかに描く。

木材と文明

ヨアヒム・ラートカウ［著］ 山縣光晶［訳］

◎3刷　3200円＋税

ニワトリ王の法則

トールのあとを社会学者で統計学者のH・G・ランダウが一九五〇年代に引き継いだ。ランダウは第二次世界大戦中には弾道学を研究していたが、戦後は生物学的現象に関心を向けるようになり、やがてニワトリに落ち着いた。トールと同じように、ランダウは、任意のどの雌鳥の組みあわせでも、一方が他方より常に優位にあることを観察した。たとえその二羽が引き離され、一年後に再会してもだ。ランダウは鶏小屋の序列を詳細に分析した。ただしノルウェーの先達とは違い、ランダウは関係の直線的な性質ではなく循環的な性質に特に注目した。私たちがやった好きな食べ物の例題のように、ランダウはニワトリそれぞれの優位性を点数化した。そして最高得点の鳥を「ニワトリ王」と呼び、他の鳥との関係を定量化しようとした。

三角関係が頻繁に現れるだけでなく、ある小屋には、つつき順位に対する一般的な認識に反して、複数の王がいた。ある完全な循環的階層においては、小屋のニワトリが一羽残らず王でありながら、そのすべてが互いに安定した不平等な支配関係を維持することまで可能であることを、ランダウは示した。つつき順位がトールの遺産なら、それが循環的でありえるという発想はランダウの大きな業績となった。数学者の慎重な証明に裏付けられたこの概念は、ランダウのいわゆるニワトリ王の法則という形で今日まで伝えられている。

この法則は、図式的なトーナメントの起こりうる結果を定量化するもので、ニワトリ以外にもさまざまなものに適用できる。それは、こうした総当たり戦の大会が、プロスポーツでうまく行かないことが多い理由を教えてくれる。テニスの試合の勝敗は、他の技術以外の要素、たとえばコートの表面材、天候、観客数などと同じくらい、二人の選手の競技スタイルがどのように相互補完するかに大きく左右される。最高の選手は、ある大会では敗北し、次の大会で雪辱するということを常に続けている。そこに激しい競争が生まれ、だから私たちはスポーツに魅せられる。最高の選手でも格下の相手に負けることがある。そして、ランダウが示すように、一つひとつの対戦が完全に予測できたとしても、ときには「最高の」選手がまったくいないこともある。

これは私たちが好きな食べ物に順位をつけるのに苦労する理由でもある。理屈の上では、私たちはきっちりとした階層的なリストを作れるはずだが、リスト上で隣りあった項目間の違いはしばしば小さく、他の変数——見栄え、雰囲気、直感——のほうが、夕食に何を食べるか決めるに当たって、大きな影響力を持つことがある。テニスの試合のように、好きな食べ物は絶対的な味だけでなく、その場の条件にも左右されるのだ。

鶏小屋のつつき順位は、鳥の総数が三〇を超えたあたりで、完全に崩壊する。おそらくニワトリは、三〇を超える知りあいの顔を認識するのが困難なのだろう。その時点で、鳥は優位を押し通すことができるほど密な接触を互いに保てなくなり、推移的な社会に代わって、集団は平等主義的になる。すべての成員が社会的に平等になるのだ(社会集団の数量的限界は、それ自体が興味深い研究分野である。「ダンバー数」では、標準的なヒトは社会的領域に存在する友人の数が約一五〇人に限られており、それを超えると知人は実質的に他人になるとしている)。

平等社会というとすばらしいもののように聞こえるが、それはそれで問題がある。数十万羽が一緒に詰め込まれた工場的養鶏所のような大きな鶏小屋でも、攻撃性はまだ存在する——しかしそうした感情を方向づける優位性序列が確立されていないために、攻撃行動は無差別に加えられる。時にこれは、流血にさえつながる。高い生産性を誇る現代の農場運営では無意味に思われるニワトリの性質が、醜悪な形で発現してしまうのだ。もしニワトリ社会から攻撃性を完全に取り除くことができたら、私たちはよりよく暮らせることにならないだろうか？

そう思った人がいる。一九八九年に、彼はニワトリ一羽一羽から、世界に平和をもたらすことを決心したのだ。

赤いコンタクトレンズ

大学に通い、ボストンにソフトウェア会社を設立して成功しながらも、ランドル・ワイズはニワトリのことを考えるのを止められなかった。

一九六〇年代から北カリフォルニアで養鶏業を営んでいたランドルの父アービン・ワイズは、ニワトリの行動に常に強い関心を持ち、息子をニワトリにからむ深刻な議論にしょっちゅう巻き込んだ。それはおおむね、このようなものだった。なんだってあの鳥どもはケンカばっかりしてるんだ。雌鳥たちがもっと仲良くすれば、農場にかかるカネを減らせるんだが。ストレスを溜めたニワトリは余計に餌を食うし、卵を産むためのエネルギーを減らすし、つつかれて余計な傷を作る。ランドルは真剣に耳を傾け、父と一緒に働くうちに、ある考えを思いついた。

近年、ニワトリはより早く大きく成長するように交配されている。今の六カ月のニワトリは、一九五七年の同等の品種に比べて六倍の体重があり、胸肉が約一〇パーセント多い。しかし育種家は性格をあまり重視してこなかった。ニワトリは大きく成長するにつれ、攻撃性も増す。なにしろ初めニワトリは食用としてではなく、闘鶏のために家畜化されたのだ。

ランドルは、赤い色を見たニワトリが何らかの理由で暴れ出すことに気づいた。この事実はすでに他の養鶏農家によって多くの記録が取られていた。養鶏農家は時に、飼っているニワトリが死ぬまでつつき合うのを、恐れおののきながら見守っていた。ニワトリが血を流すと、鶏小屋の他の鳥が傷口の鮮やかな赤に引き寄せられて、そこをくり返しつつき、重大な傷を負わせてしまうこともある。

ニワトリはきわめてはっきりとした色覚を持っている。それは人間よりも鋭いほどだ。たとえばウシなどと違って――ウシは色の識別ができず、闘牛士の布に突進するのは急な動きをするからであって、赤いからではない――ニワトリは本当に血への渇望を抱いている。赤い色は彼らを暴力へと駆り立てるのだ。

他の農家は、鶏小屋の電球を普通のものから赤いものに替えていた。こうするとニワトリの困った行動はいくらか落ち着いた。赤い光は赤いもの――とさか、肉垂れ、血――をうまく溶けこませ、鳥に見つけにくくするという理屈だ。しかし電灯が暗いと人間が中で作業をしにくくなるので、ほとんどの農場は照明を普通のものに戻し、ニワトリのくちばしの形をホットナイフで丸く整形して、つつき合いで重傷を負うのを防ごうとした。

ランドルはこうしたことすべてを、ソフトウェア業界に閉じこめられて過ごした八年間にじっくりと考えた。とうとう我慢できなくなった彼は、会社を数百万ドルで売って西へ向かい、アニマレンズという新しい会社を設立した。ニワトリ用の赤いコンタクトレンズを設計するために。
そうだ。小さな赤いコンタクトレンズだ。ニワトリ用の。ランドルはその前にバラ色の眼鏡（訳註：「楽観的な考え」という意味もある）も試していたが、役に立たなかった。フレームがニワトリの丸い頭の上でどうしても安定しなかったのだ。

ランドルは、自分が完璧な成功の方策を見つけたと信じていた。鳥がコンタクトレンズを着けると、鶏小屋に赤い電灯を点けたように、まわりが柔らかな赤い光に包まれて見えるだろう。鳥はおとなしくなり、生産性が上がり、殺しあいも少なくなる。このレンズを使えば生産性が向上し餌の消費量が低下するので、養鶏業者は年間数億ドルを削減できるとランドルは考えた。アニマレンズのコンタクトレンズは、一九八九年に商品化された。価格は一組二〇セント、大口注文には一組あたり五セントだった。

この発想は与える印象ほど突拍子もないものではない。特に、養鶏業界によって作り出された奇怪な品種のことを考えれば。突然変異のカールした羽毛を持つニワトリのフリズル、尾羽が六メートルにも伸びるオナガドリ、ふわふわの綿毛玉に脚が生えたような烏骨鶏（ウコッケイ）、肩から上が赤裸で、シチメンチョウにひどく似ていることからターケンと呼ばれることもあるトランシルバニア・ネイキッド・ネックのようなものもいる。いつも赤い色を見ているニワトリがいて何が悪かろう？

最初、大規模なニワトリの手術は関心を引いた。ランドルの赤いコンタクトレンズを装着したニワトリは、確かにおとなしくなったようで、予想どおり卵一個の生産コストが三分の一セント削減された。ウィスコンシン州を拠点とする、ある養鶏場は、現在一日に七五〇万個の卵を生産していることを考えると、コスト削減は大量生産の卵工場では相当なものになるだろう。

だが農家は、何百万という小さな目玉にコンタクトレンズを突っ込むあいだ、鳥の頭を一羽ずつしっかり押さえているのを嫌がった。そして小さなプラスチック片を装着するのは、ランドルが認めた以上に骨の折れる作業だった。レンズは一生はめたままにすることを想定していたが、いつも落ちてばかりで、さらに悪いことに、身体的ダメージも引き起こした。コンタクトレンズを着けたニワトリにはひどい目の炎症が起こり、実際には余計にストレスがかかった。ある調査で、コンタクトレンズを着けたニワトリは心筋が肥大していることがわかった。おそらく目に炎症があることと、その目をこする指がないことからくる心労に対応するためだろう。

結局、赤いコンタクトレンズは操業コストの削減にほとんど役に立たず、動物の権利団体は、ニワトリの健康への影響に関して憤激した。一九九〇年代なかばには、この会社は廃業した。

ランドル・ワイズはこうして価値のある教訓を学んだ。基本的な社会本能に干渉するのは危険なビジネスだ。つつき順位が私たちにとってはわかりにくいものであっても、ニワトリにとっては死活問題なのだ。攻撃性と優位性は必ずしも望ましいものではないかもしれないが、それは明らかに目的にかなっている。そうした性質を消そうとすれば、それで解決される以上の問題が起きるかもしれない――養鶏場でも世間一般でも。時には自然の秩序に成り行きを任せたほうがいいこともあるのだ。

最高のニワトリに勝利あれ。

ホシガラスの驚異の記憶力

一八〇五年の八月二十二日、三十五歳の偵察要員ウィリアム・クラーク（ルイス・クラーク探検隊で有名な）は、ついていなかった。彼は現在のアイダホ州北部に当たる険しいサーモン川峡谷を探検していたが、例によって苦しい日だった。探検団のハンターは、アメリカ先住民と言い争いになって戻ってきたばかりで、地形はひどく急峻で、自分がどこへ向かっているのかわからなかった。だがその日の午後、この高名な探検家は一羽の鳥に目を留めた。今では有名な彼の日誌に特記するほど興味深いものだった。

「私は今日キツツキの一種の鳥を見たそれは松かさを食べておりくちばしと尾は白く羽は黒くそれ以外は淡褐色でコマドリほどの大きさだった」。

クラークにはそれ以上詳しく記述する（あるいは句読点を打つ）暇はなかったが、一年もしないうちに相棒のメリウェザー・ルイスが、東へ向かう探検の復路でビタールート山脈の雪解けを辛抱強く待っているあいだ、同じ鳥について、もっと詳しく余裕を持って描写している。ルイスは、クラークの白黒の鳥がキツツキではなく、カラス科――カラスやカケスの一種であることを正確に推測した。

「ここに到着して以来、私はカラス族の鳥を何羽か殺した」とルイスは書いている。「カケスくらいの大きさで、形もなんとなく似ている……それは一年を通してロッキー山脈に生息し、この鳥しか見られない場所も多い」。

ルイスが採集したこの鳥の標本は、のちにフィラデルフィアのピール博物館に預けられた。アレクサンダー・ウィルソンはこの新種の鳥の図を、一八一一年の自著『アメリカの鳥類』にクラークガラスの名で記載し、発見者にしかるべき栄誉を与えた（公平のために言っておくと、ルイスはその名を冠したルイスキツツキで名誉を称えられている。カラスのような新種について書いた前日に、日誌に記録していたものだ）。その名は定着したが、のちに修正され、探検家の遺産を今に残している。それがクラークホシガラスだ（訳註：標準和名ハイイロホシガラス）。

北米西部の険しい山中で過ごしたことがある人は、おそらくホシガラスを見たり声を聞いたりしているはずだ。この鳥はすぐに見分けがつく。大きく、全体的に白と黒で、飛行時に翼と尾の白い斑紋が閃き、胴体は涼やかな灰色だ。他にホシガラスのような鳥はいない。またこの鳥は、姿をはっきりと見せ、丸見えのこずえにとまっていたり、高地の草原を飛び回って大胆に餌を探したりする。特に大胆なホシガラスは、不用心なバックパッカーから食料を盗んでいく癖から、時に「キャンプ泥棒」とも呼ばれる。目隠しをして山を歩いていても、ホシガラスがいることはわかる。独特の大きな「クルルァァアック」という鳴き声は、標高の高い松林でランニングをするのに格好のBGMとなり、ごつごつとした山頂に、何百年も前からそうしてきたようにこだまする。

ルイスとクラークはホシガラスをかなり正確に描写している。ルイスは、他の鳥がほとんど南や標高の低いところに渡る冬のあいだも、ホシガラスは「四季を通じて」高山にとどまっていると述べている。

現在、ハイイロホシガラスを見るのにもっともいい方法の一つが、ピークシーズンにスキー場に行くことだ。たいていこの鳥が高地の駐車場をうろついて、何かもらえるのを待っている。だが、かつての探検家たちは、ホシガラスがまさか冬に巣造りをし、一月末から二月初めの猛吹雪の中で卵を産むとは気づかなかっただろう。ルイス・クラーク探検隊がぬかるんだコロンビア川河口で、夏が来て帰郷できるのを待っていたころ、彼らがアイダホで見たホシガラスは、高い山の上で幸せいっぱいにひなを育てていたのだ。雪が解けて探検隊が東へと横断できるようになった五月から六月には、ホシガラスの若鳥はすでに巣立っていた。

冬のさなかに山頂で営巣する鳥は、ほかにあまりいない。それも無理もない。山の上は寒くて風が強い。高地では冬のあいだ食物も不足する。なけなしの餌も押し固まった雪の下になって見つけにくくなる。これが、ほとんどの山地の鳥がもっと温暖なところで冬を過ごす主な理由だ――移動しなければ餓死してしまうだろう。だがホシガラスはかしこい。彼らは知能が高いカラスやワタリガラスと同族で、寒い季節の山地で生き延びるだけでなく、繁栄する技を身につけているのだ。その技は結構単純だ。彼らはルイスとクラークがやったのと同じことをしているのだ。

二人の偉大な探検家は、第三代大統領トーマス・ジェファーソンから北アメリカの横断ルートを探す任務を与えられたとき、自分たちが先の読めない冒険に巻き込まれたことを知って、補給物資をごっそり買い込んだ。ルイスは三〇人の隊員の装備に、二三二四ドル――現在の価値に換算して約五万ドル――を費やしたといわれる。パッキング・リストには、数ある中からいくつか例を挙げると、手斧二五丁、フランネルのシャツ四五着、銃の発火石五〇〇個、オール三五本、鉄製の粉ひき機一台、吐剤一一

○○回分（中毒を起こしたときに嘔吐を促すため）、ガラスのビーズ二〇ポンド、四巻の辞書一セット、塩一ブッシェル、「携帯スープ」一九三ポンドなどが見られる。リストの中で特に大きな欄が「遭遇したインディアン部族への贈り物」と題したものだ。腹が減っては探検はできないので、ルイスは「発見隊」が荒野を横断するために十分な補給を受けられるように念を入れた。狩猟で食料を手に入れるのが難しくなったら、ちょっとした飾り物との交換で現地住民からもらえるだろうと考えたのだ。

隠し場所の数は五〇〇〇

ホシガラスは高地の寒い冬を生き延びるために同じことをしている。餌を貯め込むのだ。この鳥はマツの種子を専門に食べる。夏から秋にかけての松かさが熟す時期なら、見つけるのは簡単だ。しかし松かさの収穫は季節が限られるものだから、ハイイロホシガラスは、冬から春にかけての松かさがない時期に食べる大量のマツの種を貯蔵しなければならない。驚いたことに彼らは営巣期いっぱい、この貯蔵した種だけに頼っているのだ。荒涼とした白い冬のあいだ、ほかに何も手に入らない。餌を貯蔵することでホシガラスは、一年でもっとも厳しい時期に山の中にとどまり、子育てまでできるのだ。

ホシガラスはひと冬を生き抜くため、大量のマツの種子を一年で一番豊富なときに貯蔵しなければならないので、まるで貯める機械のようにならざるをえない。七月に最初の松かさが熟すと、この鳥はフルタイムで操業を始め、夏の終わりから秋、冬の初めまで種を集め続ける。餌を運びやすくするために、ホシガラスは舌の下に特殊な袋を発達させていて、そこに一度に約一〇〇個の種を収めることができる。彼らは頑丈なくちばしで松かさをこじ開け、袋がいっぱいになるまで詰め込むと、餌源の木から時には数キロ離れたところまで飛んでいって、収穫を地中に隠す。すべて同じ場所に隠すのではなく、戦利品をいくつもの小さな貯蔵所に分散して、一度に三、四粒の種を土の中に押し込む。

この点においてホシガラスは、ただ単に生き延びる以上のことをやってのけている。秋のあいだに、一羽のホシガラスは数万粒のマツの種子を五〇〇〇もの別々の小さな貯蔵所にしまいこむ。鳥はその場所に目印をつけない。そして何かが地中に埋まっていることを示すものは地表にない――それどころか、冬になれば貯蔵所はたいてい雪に覆われる。ホシガラスが中身を回収しに貯蔵所に戻ってくるのは九カ月後かもしれず、毎年同じ場所を使うわけではない。他の生き物が種を掘り返してしまうことも、地中で腐ってしまうこともあるので、この鳥は必要以上に餌を蓄えるのが普通だ。その副次的な作用の一つに、余分な種が発芽して、マツの木の拡散を助けるというものがある。信じがたいことだが、空腹のホシガラスは冬のあいだ自分の隠匿物資の大半を見つけだすことができるのだ。

それはものすごい精神的な離れ技だ。ホシガラスは何らかの方法で、種を埋めた何千もの別々の場所を正確に覚えているのだ。黄色い付箋も、GPSの座標も、馬鹿げた記憶術も一切使わずに。

どうしてそんなことができるのだろう?

エベレスト登山と記憶力

マイアミ出身の二十八歳の元ソフトウェア開発者、ネルソン・デリスは、二〇一一年にエベレスト登頂を目指したとき、トランプを一組持っていった。厳密には気晴らしのためではない。デリスはそのころメモリーゲームという儀式めいた遊びに凝っていて、登山の最中も脳を活性化させておきたかったのだ。登攀しながら、彼は定期的にトランプを持って座り、丁寧に切ってから二、三分かけてすべてのカードの順番を覚えようとした。習慣に従って、五二枚のカードの順番を完璧に思い出すのに毎回何秒かかるかを記録し続けた彼は、奇妙なことに気づいた。高度が上がるにつれて、想起にかかる時間が短くなるのだ。集中を妨げる疲労の大きな条件下での精神統一訓練は、思ったより簡単で、それによりデリスは元気づけられた。精神が冴えているのはいいことだ。そもそもデリスの登山は、アルツハイマー病研究の基金集めのためだった。そして、高所登山の夢を追うかたわら、違う種類の挑戦のために訓練を積んでいた。

デリスは自分の記憶時間に、エベレストの山頂に迫れたこと（頂上直下八五メートルで撤退）と同じくらい満足した。一流の「知的競技者」の中でもえり抜きの英雄であるデリスは、その数カ月前に二〇一一年全米記憶力選手権（高速暗記力を競うニッチな競技）で優勝して、たちまちスターになっていた。この競技会は、その十四年ほど前に、ＩＢＭの元重役が人間の脳の可能性を実証するために始めたが、その後デリスのような人々が参加するようになると、単純な記憶ゲームは、ある意味で登山と同じくらい過酷なスポーツになった。

名簿を覚えるようなどうでもいいことを競技にするくらいのことは、人類には朝飯前だ。全米選手権（ニューヨーク市で最大の電力会社、コンエジソン本社の会議室で毎年開催される）の種目には、一一七枚の知らない人の顔写真を、一枚一枚に書かれた名前と共に記憶するというものがある。また競技者は、五〇行の未発表の詩をわずか十五分の練習で暗唱したり、無作為の数字を五分間でできるだけたくさん覚えたりもしなければならない。そこで切ったトランプの順番を記憶するデリスの特技だ。

実際にデリスは、たった三十三秒トランプに目を通すだけで、五二枚の札の順番を正確に思い出したことがある。ただし大会でのベストタイムは六十三秒だ。気を散らすものと動揺は、集中力を大きく削ぐ——だからデリスは六〇〇〇メートルでトランプを使って手品をやったのだ。選手権の盛り上がる場面を公開するために、決勝戦出場者はステージの上に座り、観客のほうを向いて（そう、見物人と解説者とテレビカメラがいるのだ）頭脳の離れ業を演じなければならない。大会は依然、大学進学適性テストを受験する学生でいっぱいの部屋のような雰囲気ではあるが。

間違いなく記憶力大会は真剣勝負だ。世界的なランキング表がある。毎年十二月に国際都市の回り持ちで開催される世界記憶力選手権では、数万ドルの賞金が出て、たいがいヨーロッパかアジアの選手が幅を利かせる。アメリカでは、頭脳スポーツは昔から地位が低いが、それも変わりはじめている。二〇一二年にジャーナリストのジョシュア・フォアは、ベストセラーとなった著書『ごく平凡な記憶力の私が1年で全米記憶力チャンピオンになれた理由』で、二〇〇六年の全米記憶力選手権で優勝するためにどのような訓練をしたかを描き、記憶力コンテストを世に広めた。ネルソン・デリスは優勝してから、『ニューヨーカー』、CNN、『フォーブズ』に取りあげられた。デリスは現在、専業の「記憶コンサルタント」として働き、登山と記憶についての感動的な講演を行ない、一日に何時間も脳のトレーニングをしている。

私が最後に世界ランキング表をチェックしたときには、第一位はヨハネス・マローが占めていた。スウェーデン、ドイツ、イングランドの記憶力大会で続けて一位に輝き、グランドマスターの栄えある称号を得たドイツの選手だ。マローの公式記録は印象的だ。五分で五〇〇桁の数字と八五の無作為の単語を正確に記憶したことがある。わずか一時間の集中的な暗記で、二二四五桁と一一四四枚の切ったトランプ（二二組！）を正確な順番で完璧に思い出すことができる。数年分の架空の出来事を記憶するように言われたときには、マローは五分間で一三二日を覚えた。

こうしたことは映画『レインマン』の出来事のように思えるかもしれないが、そうではない。こうした人々はサバンを自称しておらず、自分たちの記憶力は平均的だと断言する――気をつけていないと、世間の人と同じように車のキーを忘れてしまうと。映像記憶は、少なくとも電話帳のページを瞬間的に覚えられるという俗な意味では、神話なのだ。一目見ただけで規則性のない大量の情報をオウム返しにできる人間など世界のどこにもいない（もしいたら、間違いなく世界選手権に現れて賞金の一万ドルを持っていくだろう）。選手は、他の競技と同じように、ハードなトレーニングをして、人間技とは思えない記憶力を引き出す複雑な方法を開発する。

彼らはどうやって記憶しているのだろう？　人間の記憶力競技者はハイイロホシガラスと同じ技術を使っているのだろうか？

ホシガラスの空間記憶

一九七〇年代に、北アリゾナ大学の大学院生スティーブ・バンダー・ウォールは、鳥がものを記憶する方法を研究したいと考え、ハイイロホシガラスの食べ物を埋めた場所を覚える優れた能力に注目した。バンダー・ウォールは、ホシガラスは次の五つのどれかで種の隠し場所を見つけるのだろうと考えた。（1）当てずっぽうに掘り返して、埋めた種を偶然見つける。（2）特定の、大量に貯蔵した範囲だけを当てずっぽうに探す。（3）埋めた種の匂いを感じることができる。（4）何らかの方法で地面に印をつけて隠し場所を表示する。（5）頭の中の地図に書き込んだように正確な位置を覚えている。この五つの可能性を念頭に、バンダー・ウォールはリストを絞り込んでいく実験の考案に着手した。

この鳥を自然の生息地——アメリカ西部でも特に険しい土地——で研究するのは、つまりは野生のホシガラスを追いかけるということであり、実験室での実験のほうが明確な結果が得られるはずだ。そこでバンダー・ウォールは捕獲した鳥で実験を行なった。彼は大きな鳥小屋の床に、ふかふかした土を数センチの厚さに敷き、さまざまなとまり木、岩、丸太などの「目印」を部屋中に配置した。「オレンジ」「レッド」とコードネームをつけた二羽のホシガラスを、鳥小屋の中で種を埋めるように訓練したのち、バンダー・ウォールは実験を始めた。

まず彼は、オレンジとレッドを鳥小屋の中に放し、どこを隠し場所にするかをそれぞれ別個の試験で観察した。互いに見られないように交代で、どちらの鳥も少なくとも一五〇個の種をふかふかの土の中に隠したとき、バンダー・ウォールが忍び込んで、一〇〇個の種を埋めた。また、鳥の蓄えから五〇個を取り除いた。それからオレンジとレッドを鳥小屋に戻し、どの種を掘り出すかを確かめた。鳥が自分の隠し場所の位置を覚えていて、それで餌を探すのなら、もう一羽が隠したものや追加で埋めたものは見つけられないはずだと、バンダー・ウォールは推測した。

果たしてそのとおりだった。オレンジは自分で埋めた種を六三個見つけたが、レッドやバンダー・ウォールのものは一つも見つけられなかった。レッドは自分の種六一個とオレンジの種三個を見つけ、バンダー・ウォールのものは見つけられなかった。鳥は当てずっぽうに探しているのではなかった。さもなければ、それぞれのグループの種を同じ割合で見つけていただろう。初めの二つの仮説——当てずっぽうに探すというものの変種二つ——は、こうしてきっぱりと除外することができた。

また、どちらの鳥も、バンダー・ウォールがこっそり取り除いていた自分の隠し場所を無駄に掘り返していた。このことは、三番目の仮説——鳥は匂いで餌を見つける——も誤りだと証明している。残ったのは第四と第五の仮説だけになった。鳥は何らかの方法で地面に目印をつけているのか、あるいは近くの目標物と関連づけて位置を覚えていられるのか。

バンダー・ウォールは第二の実験を行ない、鳥が地面に印をつけているかどうかを調べた。オレンジとレッドに鳥小屋の中で新たに種を貯蔵させ、それから床の半分を平らにならして、一切の地面の痕跡を見えなくした。鳥が地表の乱れを見て探しているとすれば、ならしていない側の隠し場所しか見つけられないはずだと、バンダー・ウォールは予想した。しかし二羽のホシガラスを鳥小屋に戻すと、ならした側とならしていない側のいずれでも種を掘り出しはじめた。これは、地表の状態は位置を覚える能力の妨げにならないことを意味する。仮説四も退けられた。

残る可能性は一つだけ、ホシガラスは空間記憶によって隠し場所を突き止めるというものだ。これを試験するため、バンダー・ウォールは第三の、エレガントな実験を計画した。初めの二つのテストのように、彼はオレンジとレッドを、相当数の種をふかふかした土に隠してしまうまで、鳥小屋に入れておいた。それから前と同様、鳥を小屋から出してこっそり手を加えた。今度は部屋の半分で目標物の配置を変更した。岩、丸太、その他のとまり場を同じ方向に正確に二〇センチ移動させたのだ。あとの半分の目標物は触らずにおいた。ホシガラスは、目標物が動かされなかったあたりでだけ隠し場所を突き止めることができるだろうと、バンダー・ウォールは予測した。

一定期間の絶食のあとでオレンジとレッドを鳥小屋に戻すと、二羽は隠した餌を探した。今回見つけられた種は半分だけだった――バンダー・ウォールの予想どおり、手を加えていない側の隠し場所だ。鳥小屋のもう半分では、空腹の鳥たちは実際の隠し場所の位置から二〇センチほど離れたところを掘り返しており、目標物を移動した距離と方向にほぼ正確に一致していた。例外は鳥小屋の真ん中、二つの区域の中間にあったいくつかの隠し場所で、ここで鳥たちは約一〇センチはずれた場所を掘っていた。

バンダー・ウォールは、ハイイロホシガラスが位置を覚えるのに空間記憶を利用していることを証明した――毎年何千という地点を覚えることを考えると、相当に見事な芸当だ。基本的な考え方は直感的にわかる。鳥は頭の中に三次元地図を組み立て、視覚化された範囲で一時的な貯蔵所の位置を示しているにちがいない。彼らは自分がどこに餌をしまったかを、個々の地点と行動圏内のすでに熟知した目標物とを結びつけるだけで覚えることができるのだ。この方法は情報を空間の中に整理し、どちらかと言えば抽象的な知識を、冬越しに役立つ実用的な食料地図にする。

いわばこの鳥は自分にこう言い聞かせているようなものだ。**夕食はコンロの上、車のキーはベッドサイド・テーブルの上、車は青い街灯柱のそばのスペースに停めてある。**

全米記憶力チャンピオンの記憶法

伝説によれば古代ギリシャの詩人シモニデス（紀元前五五六～四六八）は、ほれぼれするほど才気にあふれ、強欲で、国際的な抒情詩人であり、何よりも真偽は不確かながら、ギリシャ文字のうち四文字を考案したと信じられている人物だ。伝説によれば、あるときシモニデスは、とある拳闘士の勝利を祝う晩餐会に招待された。祝宴のさなか、彼は中座して息抜きのために外へ出た。そのわずかなあいだに、建物が崩れ落ちて中にいた者は全員死んでしまい、この詩人だけがかろうじて助かった。掘り起こされた友人たちの遺体は、損傷がひどく身元がわからなかったが、シモニデスは目をつぶり、晩餐会場から出ていく直前の自分の姿を思い浮かべるだけで、みんながどこに座っていたかを思い出すことができた。こうして彼は遺体の身元を特定できた。

この功績からシモニデスは、今も昔も詩人には必須の技術である、情報を記憶する新しい方法を編み出したと考えられている。シモニデスは自分が見慣れた状況の中、たとえば宮殿の中を歩いているところを想像し、心の中で道をたどりながら、途中いくつもの場所で鮮明なイメージを描いた。もしライオンについての一節で始まる詩を覚えたければ、宮殿の正面階段に座るライオンを想像する。次の行が月について語っていれば、通路に詰め込まれた月を思い浮かべる。次の行が美女をあつかっていれば、シモニデスは月をむりやり通り抜けたあと、彼女が階段の下で待っているところを思い描く。この方法を使えば、多くのイメージを頭の中に整頓しておいて、覚えておく必要のある価値のある情報を保持していられることにシモニデスは気づいたのだ。

ともあれ、これは言い伝えだ。シモニデスの業績は、今ではわずかなパピルスの断片に記述されているにすぎず、したがって彼が二千五百年前、本当に建物の倒壊から逃れたのかは誰にもわからない（ただしその詩と思想が世に知られるギリシャ古典期に、そしてその延長上にあるすべての西洋文明に影響を与えたのはたしかだ）。しかし記憶宮殿の記憶術——現代の心理学者は場所法と呼ぶことが多い——は生き残り、ネルソン・デリスやジョシュア・フォアのような記憶力競技者をはじめとする、大量の整理された情報を吸収する必要がある人たちに、今も利用されている。

必ずしも宮殿を想像しなくてもいい。どこでもいいから見慣れた場所——子どものころ住んでいた家、通勤経路、お気に入りのレストランの中——を選んで、いつものように歩いているところを思い描く。移動のあいだに鮮烈なイメージと、頭の中で行程を再現するとき必ず見る地点とを関連づける。

全米記憶力選手権では、上位選手のすべてが記憶宮殿を使って、何組ものトランプやでたらめな番号や単語のリストを覚えている。個人により手法はさまざまだが、方針は常に同じ、情報を見慣れた空間的枠組みに関係づけることだ。たとえば自分の家のいたるところに有名人がいると想像して、トランプの一組をそのリストに変換できれば、トランプは物語になる——そして突拍子もない物語は、意味のない数字とマークの集まりよりもずっと覚えやすい。

ネルソン・デリスは、三〇三個の無作為な数字の順番を五分ちょうどで記憶し、自己記録を更新して二〇一二年の選手権タイトルを防衛したが、自分は記憶に関して何の天賦の才能も持っていないと言っている。彼はこの大会で優勝する三年前まで、頭脳競技者のことなど聞いたこともなかった。練習すれば誰でも短時間に情報を詰め込むことができると、彼は言う。神業のような暗記で重要なのは、連想の形成と、無味乾燥なデータから物語を作ることであり、その物語は、数字とトランプの場合のように、内容と何の関係がなくてもいいのだ。

大会での乱数種目に備えて、デリスはそれぞれが数字、行動、物体と関連づけられた九九九人のリストを、あらかじめわざわざ記憶した。たとえば124番はタイガー・ウッズがゴルフボールを打つ、423番はジョージ・ブッシュがリムジンを運転する、858番はブリトニー・スピアーズが下着姿で歌うといったように。乱数のリストを前にすると、デリスは一連の数字を固まりに分け、人、行動、物体の順番でイメージを組みあわせたものに翻訳する。だから124-423-858からは、タイガー・ウッズが下着姿で運転しているところが自然に思い浮かぶ(858-124-423ならブリトニー・スピアーズがリムジンを打っているところになり、423-858-124はジョージ・ブッシュがゴルフボールに向かって歌っているところを表す、というわけだ)。できる組みあわせは無限に近いので、新鮮なイメージが持続する。数字のリストとそこから浮かぶ映像を処理しながら、デリスは日常生活を元にしたいくつかの記憶宮殿の一つに、イメージを時系列に当てはめる作業に集中する。そうすることで数字のリストを再生する段になったとき、あちこちでとんでもないことが起きている見慣れた場所を歩くところを想像して、乱数を正確な順序で暗唱することが容易にできる。このような関連づけを素早くするためには練習が必要だ——デリスは一日に最大六時間練習している——が、技術は基礎的なものだ。

同じ方法がトランプを記憶するのにも応用される。それぞれのカードは前もって特定の人、行動、物体と関連づけられ、記憶宮殿の中に生き生きと暗号化することができる。イメージは異常で奇妙で意外であればあるほど覚えやすい。ただ居間にあるテレビを思い浮かべてもだめだ。つまり、それが火の上にあって、そこから小さなユニコーンがぞろぞろ出てきて、その上でジョージ・ブッシュが自分の下着を引っぱたいているところを想像するのだ。それこそがネルソン・デリスが切ったトランプの山を六三秒間見ただけで順番に暗唱でき、全米記憶力選手権で二年連続して優勝できる秘訣だ。連想の力は人間の精神に強く作用するのだ。

データの量を増やすと新しい情報の取り込みが簡単になることは、奇妙に思われるかもしれない。どうして数字をリムジンの中で歌うタイガー・ウッズと一緒に思い出すほうが、ただ番号だけを思い出すよりも確実なのだろう？　なぜトランプ一組――それ自体はわずか五二枚の短い項目だ――の順番を記憶するだけのために、複雑な物語を作り出さなければならないのだろう？　ふざけたものの積み重ねで、記憶領域が何ギガバイトか余計に必要になるのではないかと思われるかもしれない。

脳をコンピューターにたとえるのには限界があり、この場合は誤解を招きかねない。脳とハードディスクはある程度同じ記憶機能を果たすが、同じように機能しているのではない。どちらも情報を記憶するが、記憶へのアクセス方法が違うのだ。コンピューターでは、ファイルは厳密な位置に格納される。アドレスを知らなければ探すことはできない。脳は、連想メモリーとして知られるものを使って、主題とキーワードを使って情報を取り出すという意味で、むしろ検索エンジンのように機能するようだ。あいまいな記憶を探すとき、ほかの思いつきがきっかけとなって、脳は初めて探しものが何かを知ることが多い。喉まで出かかっていたものが、関係のない会話の中でポンと飛び出してきたときに覚える、おなじみの「それだ！」という感覚だ。

この検索エンジン方式は、一般に大量の情報の蓄積を整理する上でいいシステムだ。ある意味で、脳は知識の巨大なデータベースだ――しかし、ここでも、このアナロジーは完全には当てはまらない。多くの科学者が、脳がコンピューターのハードディスクであるかのように、自身の脳の容量が何バイトあるかを推定しようとしてきたが、それはなんとなく堂々巡りに陥っている。ある理論によれば、ヒトの脳には約一〇〇〇億個のニューロンがあり、その一つひとつがおそらく一個だけ情報を記憶することができる。したがってヒトの脳は二、三テラバイトの記憶を保持できると考えられる――最新のラップトップ・コンピューターと同じくらいだ。またある者は、ニューロンは孤立したものではないことを指摘する。それぞれが一〇〇〇個の他のニューロンと接続できれば、実際には二・五ペタバイトの容量を持つことになる。これはグーグルが毎日処理する総データ量と同じ桁になる。さらに、脳は数エクサバイト（一の後ろにゼロが一八個つく）のデータを蓄積することができるかもしれないと推定する者もいる。これは現在地球上にあるデジタル記憶装置の容量をすべて合計した範囲内のどこかだ。こうしたとんでもなくかけ離れた数字は、少なくとも私たちに脳の機能についての理解が欠けていることと、アナログとデジタル、有機機械とロボットを比較することが無意味であることをはっきりと物語っている。

それでも、コンピューターと脳の記憶には、興味深い類似点がいくつかある。コンピューターは情報を厳密に定義されたハードディスクに記憶する。脳も長期記憶を一つの場所、海馬と呼ばれる領域に登録する。記憶に関する多数の研究が、海馬の大きさと情報記憶能力を関連づけようとしており、実際に相関関係があるようだ。だがやはり違いはある。コンピューターのハードディスクは処理には使われないが、海馬は脳全体と一体となって、能動的な機能を果たすのに役立っている。それは想像と大きな関係があり、空間ナビゲーションに使用される主要な領域だ。だから私たちが、コンピューターとは違って、数字よりも映像を記憶するのが得意であることは、驚くまでもない。人間のハードウェアは、記憶を視覚やその他の感覚と関連づけるように設定されているのだ。

鳥の脳も縮む

ハイイロホシガラスと頭脳競技者を名乗る人たちのあいだには、コンピューターにはない共通する特徴がある。並はずれた記憶力を誇る一方で、ものごとを思い出すのに空間的な技術を主に使うことだ。それがマツの実であれトランプであれ、脳は――どのような脳であれ――重要な情報への引っかかりとなる物語を――どのような物語であれ――必要とする。時には、一見が本当に百聞に値するのだ。

ホシガラスが貯蔵したマツの種を突き止めるのに使う空間地図を覚えているだろうか？ それは記憶宮殿だ。もしかすると古代ギリシャの詩人シモニデスは、崩れた宴会場ではなくこの鳥から発想を得ていたのかもしれない。私たちは、鳥の脳が何万という種の隠し場所を覚えられることを信じがたく思っているが、結局のところ彼らは、人間と同じ方法を使っているのだ――ここから人類への希望が湧いてくるはずだ。

私たちはヒトの脳が優れていると考えたがるが、最近の実験で、鳥のほうがヒトよりも種子を見つけるのが得意であることがわかっている。ある大学院生が捕まえたホシガラスと対戦させられた。それぞれ数十個のマツの種子を鳥小屋の中に埋め、しばらく時間をおいて、両者とも自分が埋めたものをできるだけ多く掘り起こした。ホシガラスは学生を大差で破り、頭脳戦の直接対決では珍しく鳥類が勝利を収めた。だがあとで考えると、それは厳密には公平な勝負ではなかった。抜け目のないホシガラスは生涯にわたる訓練を積んでいるし、その立場からすれば種を見つけるのは生死がかかった問題だ。野生の鳥がどこに餌を隠したか忘れたら、飢え死にする。大学院生はそんな訓練も受けていなければ、そんなことをする動機もない。記憶力選手権の勝者たちは、人間の脳が筋肉のように練習に応えると信じている。数組のトランプを数秒で記憶するように自分を鍛えられるなら、数千の食料の貯蔵場所を覚えられるようになるかもしれない（食料品を庭のあちこちに埋めたいと思うなら）。もしネルソン・デリスのような人がホシガラスと対戦したなら、違う結果になっていたかもしれない。計算機科学者でさえ、人間の記憶の限界を定量化できない――人間の知的能力を理解する能力がわれわれにはないのだ。

脳が持つ信じがたい知的能力は、月並みな警告つきで与えられている。「使わなければだめになる」。標準的な人間の脳では、海馬は成人になると年に一、二パーセント（アルツハイマー病患者では、年に最大約五パーセント）縮小する。そして働いていない海馬は、より速く縮むようだ。コガラ類の鳥に関するある興味深い研究によれば、捕まった野鳥は、捕獲されてからわずか五週間で海馬の体積をなんと二三パーセントも失った。かごの鳥は移動したり、交流したり、情報を思い出したりする必要が野生の鳥ほどないので、脳が縮んでいくのだと研究者は考えている（この測定値は、野生でも季節によって変動があることが知られている）。しかし、この損失は克服でき、定期的に課題を与えることで脳はいい状態を保つことも研究は示している。言いかえれば、頭を使わないと、文字どおり頭を失うのだ。

シモニデスはこの事実に気づいていたようだが、同時代の知人には記憶宮殿式記憶術を馬鹿にしていた者もいたという。この方法の説明を受けたアテネの政治家テミストクレスは、こんな皮肉を言ったとされる。「私はむしろ忘れる技術が知りたい。思い出したくもないことを思い出し、忘れたいことが忘れられないからだ」。二千年以上たった今も、科学者はそのことを研究し続けている。

鏡を見るカササギ

二〇〇八年にドイツの研究グループが、飼育下のカササギが鏡に映った自分の姿を認識できることを発見したと公表すると、多くの科学者が驚きの声を上げた。他のさまざまな種類の鳥を含め、鏡と動物を使った実験は数多く行なわれていたが、それまでにわかっていた自分の姿を認識する動物は、ヒト、大型類人猿、シャチ、イルカ、ゾウ――つまり大きな脳を持つ大型哺乳類――だけだった。だが、この研究は明白な結果を示した。五羽のカササギ――ゲルティ、ゴールディ、シャーツィ、ハーベイ、リリー――のうち三羽が、鏡に映った鳥を自分自身だと明らかに認識したのだ。

ミラーテストは、周知のように、単純明快だ。動物を鏡の正面に置いて、何が起きるかを観察する。その動物が鏡像を認識すれば合格、しなければ不合格。慎重を要するのは結果の解釈だ。主な問題は二つある。その動物が本当に自己を認識したかどうかの判断と、それが何を意味するかの理解だ。

ドイツの研究者たちはこれがわかっていて、本当に鳥がテストに合格していたかどうかという疑いを抑えられるほどに、研究結果をしっかりと記録していた。彼らは飼育していた五羽のカササギで三種類の実験を行なった。最初に、一方の壁につや消しの灰色の板を立てかけた、がらんとした部屋に鳥を入れる。それから板を鏡と取り替えて、カササギが自分の鏡像の前で違った行動を取るかどうかを見る。

第二に、鏡への関心を測るために、研究者は、つながった二つの区画がある鳥小屋にカササギを追い込んだ。一方の区画には鏡が、もう一方には反射しない板が置いてあり、鳥がそれぞれの側でどれくらいの時間を過ごすかを記録する。最後に、五羽のカササギの下あごに、鏡を使わなければ自分では見えない印を色鮮やかな染料でつけた。もし鳥が鏡を見ながら自分のあごの印を引っ掻いたら、それは鏡に映った自分の姿が、顔に何かついている他の鳥ではないことを最低限理解している証拠と言えるだろう。この種の「マークテスト」は、動物と鏡の実験で昔から使われている基礎的なものだ。

最初の実験は、鏡がカササギの行動に影響することをはっきりと示した。最初、五羽の鳥はどれも明らかに混乱していた。彼らは自分の鏡像に向かって、それが他の鳥であるかのようにふるまい、鏡の裏に回って仲間とおぼしきものを探した。ハーベイと名付けられたカササギは、細かいものをいくつかくちばしで拾いあげ、求愛行動のように羽ばたきながら鏡に映った自分の姿に差し出し、追加試験のあいだも激しくディスプレイを続けていた。それはリリーも同じだった。ゲルティ、ゴールディ、シャーツィはトリックに早々に気づき、鏡の部屋での一度か二度の経験でどのような社会的行動も取らなくなった。

第二の実験でゲルティ、ゴールディ、シャーツィは、自分の鏡像をじっと見つめながら、たびたび鏡の正面をゆっくりと動き、長時間にわたって鏡を観察していた。また大半の時間を鏡のある区画で過ごし、強い興味を示した。一方ハーベイとリリーは、鏡のない側でじっとしているのを好んだ。前者の三羽と後者の二羽のあいだで、反応の違いが拡大した。

最後のマークテストはもっとも注目すべきものだった。下あごに色鮮やかな印をつけられたゲルティ、ゴールディ、シャーツィは、鏡に映った自分の姿を見ると、そこを爪で引っ掻こうとした。ゲルティとゴールディは試験のたびに下あごを掻き続け、マークか鏡を取り除くまでやめなかった。鳥たちの行動は自己認識でしか説明できない。暗い色の羽毛にまぎれる黒い印でテストすると、鳥はそれに気づかない様子だった。彼らが鏡を確かに利用している証拠だ。こうしてゲルティ、ゴールディ、シャーツィは、鳥でミラーテストに合格した最初の三羽となった。

それまで鏡に映った自己を認識するところを見せた鳥はいなかったので、五羽中三羽がテストに合格したこの実験結果は、予想をはるかに超えていた。有頂天になったドイツの研究者たちは、チンパンジーは人間以外の動物でもっとも明確に視覚的な自己認識の徴候を示すが、もっとも結果がよかった研究でも、合格率は七五パーセントにすぎないと指摘した。カササギの実験は、鳥類の知能について総合的な評価を与えることを意図したものではなく――五羽すべてが合格したとしても、一般化するにはサンプル数が少なすぎる――鳥においてはそれまでまったく認識されていなかった潜在能力をしめすためのものだった。その目的のためには、この研究は大成功だった。

世界でもっともかしこい鳥

だがそれは、ミラーテスト全般にかかわる疑問――そもそもそれにどのような意味があるのか？――に答えることができない。鳥類学は思いがけず心理学、さらには哲学の領域にまで踏み込んでしまった。十七世紀初めにデカルトが有名な「コギト・エルゴ・スム」――「我思う、ゆえに我あり」――という啓示を世に問うて以来、自己認識は哲学の基本教義であり、それが人間であることの意味の本質的な要素であると信じる者もいる。自己の識別はその第一歩かもしれないが、しかしここから、自己認識という概念は意識──何世紀にもわたる論争にもかかわらず科学的な定義を拒む、直感的だがつかみどころのない言葉──についての議論になる。カササギが哲学者だと（あるいは人間だと）主張する者は誰もいないが、ミラーテストは鳥の知能について、またそれが私たちのものとどう違うかについて、新たな疑問を投げかけた。カササギが視覚によって自己を識別できることの意味は完全には明らかでないが、鏡に映った自分の姿を、それとわかって見とれる能力は、一種の知性の表れにはちがいない。ほとんどの動物にはそれができず、だからカササギは興味深いのだ。

少なくとも、私たちはほとんどの動物にはできないと思っている。科学者の中には、動物が何を考えているのか実際にはわからないので否定的な結果を証明できないとして、ミラーテストは欠陥のある実験だと考える者もいる。直接尋ねる以外に、どうすればはっきりしたことがわかるだろう？　もしかすると動物は、わざわざ人間の実験に付き合うほど鏡に興味がないだけかもしれない。野生では鏡は大して利益にならないので、その働きがわかっていても、動物はつまらないと思って無視していることもありえる。

また、鏡を見たことがない動物は、慣れるまでに時間がかかるのかもしれない。ちょうど人間がそうであるように。子どもは、くり返し鏡というものに触れなければ、自分の鏡像のトリックを認識できない──だいたい二歳くらいになるまではわからないのが普通だ。大人でも、生まれつき目の見えない人が急に視力を得た場合、鏡にだまされることがある。普段私たちは、鏡に映る自分の姿を当たり前のものと思っているが、そうなるためにはある程度の練習がいるのだ。たとえ人間であっても。

こうした批判はあるが、たしかに世界は自分の鏡像を認識できる者とそうでない者に分かれているようだ。そしてドイツの研究者たちはカササギが、人間や数少ない高等動物と共に、前者に属することを証明した。実におもしろい。しかし、それにどんな意味があるのだろう？　そしてなぜカササギなのだろう？

その派手な白と黒の出で立ちと大胆な習性のために、カササギは昔から人間にとってなじみ深い存在だ。英語では歴史的に長いあいだ、ただ"pie"または"pye"と呼ばれていた。接頭辞をつけて"magpie"と呼ばれるようになったのは、おそらく十六世紀のどこかだ。"mag"は"Margaret"の愛称で、女性的なものを指す俗語として使われていた——この場合たぶん、人々がこの鳥を暇なおしゃべり女のように感じたからだろう。

ヨーロッパでは、カササギはもっとも普通に見られ（英国鳥類保護協会によれば、イギリスで一三番目に数が多い）、民話や迷信に突出して多く登場する。カササギの群れを見たとき、広く信じられている言い伝えによれば、群れにいる鳥の数でその人の運勢が決まる。細かく言えば、二羽なら幸運を呼ぶが、一羽だけならありとあらゆる災いをもたらす。だから一羽だけのカササギに出会うと、用心深い人は「こんにちは、カササギさん」「おはようございます、旦那」などと丁重に挨拶をして厄を落とす。「我、汝を恐れじ」と素早く数回言っても同じ効き目がある。鳥に敬礼する、地面に唾を吐く、誰でもいいから一緒にいる人をつねるなどでも有効だ。念のため覚えておこう。

カササギの悪評は根が深い。スコットランドでは、カササギは死を予告し、サタンの血を口に含んで運ぶとされる（口の内側は赤く、それ以外は白黒の鳥の身体でここだけがわずかに鮮やかな色を見せている）。フランスとスウェーデンでは、この鳥は泥棒あつかいされている。光るもの、特に貴金属類を盗む習性があると思われているためだろう。中世にはカササギは、カラスや黒猫と共に、魔術と深い関係があると考えられていた。あるイギリスの民間伝承では、イエス・キリストが十字架にかけられたとき、ほかの鳥たちはすべてイエスを慰めるために歌ったが、カササギだけは歌わなかったので、そのために永遠に呪われているのだとまでされている。

対照的に東洋文化、特に中国と朝鮮半島では、昔からカササギを受け入れてきた。中国ではこの鳥はきわめて人気があって、人の役に立ち、朗報と喜びをもたらすと考えられている（この対立はコウモリと竜の評価と偶然に一致している。これらも西洋文明では悪く言われているが、東洋では賛美されている）。北米先住民もこの鳥を、しばしば創造神話の中で守護者や役に立つ使者として肯定的に描いている。

同じような外見の白黒のカササギは、ヨーロッパ、アジア、北アメリカ西部の大半を占めている（オーストラリアのカササギは、しかし、外見的には似ているが、北半球のものと近縁種ではない。また東南アジアにはもっとカラフルなカササギが八種棲息している）。現在これらは三種類の別種として認識されている。ヨーロッパとアジアのユーラシア・マグパイ、北米のブラックビルド・マグパイとキバシカササギ（これはカリフォルニア州のセントラル・バレーでブラックビルド・マグパイに取って代わっている）だ。この三種はほぼ同一に見え、非常に近縁であることがＤＮＡ解析でわかっているので、全世界に分布する一つの亜種と考えられるかもしれない。

他のカラス科の鳥――カラス、ワタリガラス、ニシコクマルガラス、ミヤマガラス、カケス、ホシガラス、オナガ類、ベニハシガラス――と共に、カササギはオウム類を僅差で抜いて世界でもっともかしこい鳥であり、すべての動物の中でも特に知能が発達しているものに数えられると、科学者は昔から考えている。ほとんどのカラス科の鳥は非常に社会的で、大きな脳を持ち、成長が遅い。すべて高い認知能力に寄与すると思われる特徴だ。カササギも例外ではない。この鳥の知能が、大胆で、好奇心旺盛で、いたずら好きな性格と結びついたとき、彼らは思いがけない形で私たちを感心させることがある。

怨恨・嘲笑・鎮魂

イ・ウォンヨンの場合はこうだ。二〇〇九年、ソウル大学校の博士過程の学生だった彼は、大学の構内で成功したカササギの繁殖の長期的研究を手伝っていた。フィールドワークの一環として、イはさまざまなカササギの巣を調べるために木に登り、卵とひなを手にとって測定を行なっていた。そのフィールドワーク・シーズンの最中、イは不気味なことに気づいた……カササギが自分のあとをついて回るのだ。足元につきまとう鳥を声を上げて追い払いながらでなければ、彼は外を歩くことができなかった。キャンパスには他に二万人の学生がいたが、その中の誰も鳥は困らせることはなく、イが観察していた巣のカササギだけが彼を攻撃しているようだった。イが友人と帽子を交換しても、鳥はごまかされなかった。そこでイはある実験を考えついた。二人の研究者に同じ服装をさせて、一人が地上でデータを取っているあいだ、もう一人にはカササギの巣がある木に登るように指示したのだ。あとで戻ってきてカササギの反応を見ると、予想どおり人の顔を見分ける驚異的な能力を示し、巣をいじくり回した人間に殺到して、もう一人には目もくれなかった。

カササギは自分より大きな動物、とりわけペットをからかうことが知られている。たぶん捕食者と考えるものを追い払おうとしているだけだろうが、ときどき悪意を持った心理戦で、ほかの生き物を意識的にだましているようにも見える。BBCのあるドキュメンタリーでは、一緒に飼われている二匹のイヌを困らせることが大好きな、ペットのカササギが特集されていた。このカササギが、家の外の池にいるアヒルの警戒音をまねると、気の毒なイヌたちは決まって実在しないキツネを追って——アヒルたちはキツネが近くを通るとよく警告しあっていた——屋外に飛び出していく。別のカササギのつがいは、イギリスの交通量が多い地方道で、くりかえしネコをからかっていた。カササギは木にとまって車がとぎれるのを待ち、路面に舞い降りてネコを道路の真ん中に誘う。車が近づくと鳥はぎりぎりで飛び立ち、ネコは轢かれそうなところを辛くも逃げ出した。

盗みはいつの世も変わらぬこの鳥の性質らしい。ロッシーニは十九世紀初め、これに着想を得て『泥棒かささぎ』というオペラを作曲したし、光り物に異常に執着する人は「カササギ症候群」と呼ばれる。この泥棒としての評判は、半分は伝説かもしれないが、この鳥が、たいていはっきりした目的なしに、ものを失敬することがあるのはたしかだ。イングランドのリトルボローの自動車修理工場で、カササギが客の車のキーを盗もうとして捕まったときには、地元紙『マンチェスター・イブニングニューズ』に載った。また二〇〇八年の『テレグラフ』紙の報道によれば、ある女性がシャワーを浴びているあいだに、窓枠に置いた五〇〇〇ポンドのプラチナの婚約指輪をカササギがかすめ取っていった。幸い、近くのオークの木にかかっていた鳥の巣に指輪が大事にしまってあるのを、彼女の婚約者が見つけた。ただし三年後に！

野生のカササギの特に興味深い行動に、即席で葬式を執り行なうという習性らしいものがある。死んだ仲間を見つけたカササギは、声をかぎりに鳴いて、周辺にいるほかのカササギをすべて呼ぶことがある。鳥が死骸のまわりに集まるにつれて、激しい騒ぎが起きる。ある時点で、鳥たちは一斉に静まりかえる。それから黙祷の時間になり、そのあいだ思い思いに死骸をやさしくつついたり、羽づくろいをしたりすることもある。そのあと鳥は一羽一羽、静かに去っていく。

こうした葬式の様子は、ヨーロッパのカササギでも北米のカササギでも詳細に記録されている。その中には交通事故死したカササギが関係するものもある（カササギが轢かれた動物の肉をあさっていて、自分も轢かれてしまい、折り重なって死んでいることが交通量の多い高速道路ではたまにあるのだ）。二〇〇九年にコロラド大学のある研究者は、四羽のカササギがもう一羽の死骸を囲んでいる様子の詳しい観察結果を発表し、この鳥たちはヒトのような感情を表していたと結論づけた。その現場からの報告によれば、二羽のカササギが飛び去ったかと思うと草をくわえて戻ってきて、死んだ鳥のそばにそっと置き、しばらく「見守った」あと静かに去っていった。論文が発表されたあと、同じような出来事を目撃した人たちからのEメールがその研究者の元に殺到した。何もおかしくはないだろう。カササギは皮肉にも、いつも白と黒で正装している。イルカが友情をはぐくみ、ネズミが感情移入を示し、ゾウに死者を悼むことができるなら、いじわるカササギが悲しみを見せてもいいではないか。

近年、これまでヒトの特質とされていたことが次々と崩れている。カササギは鏡に映った自己を識別でき、人間同様に自我を持っているようだ。彼らも人間の感情に似た行動を見せているのだと言ったら、言い過ぎだろうか？

カササギはさまざまな形で高い知能を示す――盗み、恨みを抱き、からかい、悲しみさえする――が、自己認識は彼らを他の鳥から際だたせる。すべての種が実験室でのミラーテストを受けたわけではないが、多くの鳥は現代の「野生」である郊外の環境で鏡に遭遇しており、そのほとんどは自分の鏡像を認識できないことが観察によってわかっている。

例えば二〇一二年三月、フロリダ州セントマークス国立野生生物保護区の灯台を訪れていたバードウォッチャーは、オスのショウジョウコウカンチョウが、駐車場に停まっていた車のサイドミラーに映る己の姿を攻撃しているのに気づいた。これはそう珍しいことではない。多くの鳴禽――メスのコウウチョウは常習犯だ――がこの行動を取っているところが記録されており、そのバードウォッチャーも、ここ数週間、自宅のほとんどすべての窓で、ショウジョウコウカンチョウが自分の姿と戦っているのを見ていた。それは春のことで、その地域のショウジョウコウカンチョウは、なわばりホルモンを増やしていた。しかしセントマークスにいたものは、とんでもなく攻撃的に見えた。それは二、四台の別々の駐車車両を巡回して、そのたびにフロントガラスのモールにあぶなっかしくとまる。そこからはサイドミラーがまっすぐにのぞき込める。それから鳥は大きく息を吸って、鏡に映る自分に向かって突進し、羽ばたきながらミラーに体当たりして、侵入者とおぼしきものを追い払おうと無駄な努力をした。

ほかにもすでにこの鳥に注目している人がいた。あるバードウォッチャーが、同じショウジョウコウカンチョウが車のミラーを攻撃しているところをその三カ月前に写真に収め、そのときには少なくとも一時間は戦い続けていたと述べた。ショウジョウコウカンチョウが、ミラーだけでなくぴかぴかのバンパーに映る姿とも戦っているのを別の人物は見ている。この鳥は駐車場に入ってきたばかりの車のミラーまで攻撃した。人が降りたとたん、赤い小さな神風特攻機のように飛び込んでいくのだ。

ショウジョウコウカンチョウは、大きさの割に攻撃的で強く、特に頭のいい動物とは思われていないが、そのうち学習しそうなものだ。くり返しぶつかっていくうちに、この鳥は生きた本物の敵と自分の鏡像の違いに気づかないのだろうか？　少なくとも、なぜいつも見えない壁にぶつかるような気がするのだろうと不思議に思わないのか？　だが哀れなショウジョウコウカンチョウは、羽の生えたドン・キホーテのように来る日も来る日も、毎月毎月、駐車場の車に勝負を挑み続けるのだ。

こんなことが世界中の郊外でいつも起きている。もっとも多いのは繁殖期だ。なわばりを持つ鳥は、窓、車のミラー、その他の表面に映る自分の姿を一目見ると、反射的に「他の鳥」を追い払おうとし、何カ月も、果ては何年も、間違いに気づくことなく定期的に戻ってくることもある。この行動は、絶えず窓で立てるバタバタという音に耐えなければならない人たちには大いに迷惑であり、鳥が死者の魂であり、家の誰かに最期が迫っていることを予言しているのかもしれないと信じている一部の人にとっては、少し気味の悪いことだ。

鳥が窓を攻撃しだしたら、反射しないものでガラスの外側を覆うくらいしかできることはない。もし、ある人が最近報告したように、コマドリが家にある一五の窓の一つひとつに突撃しはじめたら、そして自分の家を窓のない洞窟にしてしまいたくなければ、攻撃が止むのを待つしかない。北米ではショウジョウコウカンチョウ、ヨーロッパではコマドリ、オーストラリアではツチスドリが窓を攻撃する常習犯で、多くの善良な市民を不安に陥らせている。

この奇妙な行動は、ショウジョウコウカンチョウやコマドリをはじめ多くの鳥が、ミラーテストに合格しないことを意味している。くり返し経験しても、決してからくりを理解することがない。では、鳥が静かな水面に映った自分の姿を攻撃しないのはなぜだろう。たぶん水溜まりの上で光がどう作用するかを知っているか、水面を見下ろす角度が先天的な敵への反応のスイッチを押さないのだろう。いずれにしても、ほとんどの鳥は鏡というものをまったく理解していないようだ。彼らには、自分自身と他の個体との本質的な差異が、まったくわからないのだ。

これはカササギが、ほかの大部分の鳥にはない抽象的能力を持っているかもしれないということだ。それが何かわかりさえすれば、私たちは自分自身についても知ることができるかもしれない。

自我と他者理解

心理学者のゴードン・ギャラップ・ジュニアは、動物の自己認識という概念について考えることに人生のかなりの時間を費やした。一九七〇年代に、彼はチンパンジーの檻に姿見を十日間置き、動物に鏡を見せる実験に先鞭をつけた。チンパンジーは初め警戒していたが、やがてそれに自分の姿が映っていることを理解し、その前で毛づくろいをしたりいろいろな顔つきをしてみたりした。ギャラップは興味を覚えた。チンパンジーが自分を認識するようなことが本当にありえるのだろうか？　確かめるために、ギャラップはチンパンジーの頭のさまざまな部分に匂いのしない染料をつけ、チンパンジーが鏡を見ているとき、その部分に指が引き寄せられるかどうかを観察した。チンパンジーは協力してくれ、その結果は『サイエンス』誌に発表された。以来研究者は、マークテストをドイツのカササギからヒトの一歳児まで、あらゆる種類の生物に用いている。

チンパンジーによる最初の実験のあと、ギャラップは研究対象を拡大した。タマリン、マーモセット、オマキザル、ヒヒ、マカクなど、どの種類のサルも、どれほど長く鏡に触れていても(数年間続いた実験もあった)決してテストに合格しないことがわかった。鏡像を利用して毛づくろいをしたり、それまで見たことのなかった生殖器まわりを確かめたりというチンパンジーのようなことはせず、セントマークス灯台のショウジョウコウカンチョウのように、サルたちはいつも他の個体とかかわるように反応した。

チンパンジーの中には、初期適応が終わると自然に自己を認識するものもいるようだった。追加研究によって、すべての大型類人猿——チンパンジー、オランウータン、ゴリラ、ボノボ、ヒト——はミラーテストに合格できることが明らかになった。ただしゴリラについては他の類人猿に比べ裏付けが弱い。このことからギャラップは、自己認識は大型類人猿には存在するがサルには存在せず、これがおそらく霊長目の二大グループを分ける知能の差であろうと提唱した。

続いて別の研究者が、バンドウイルカ、シャチ、アジアゾウもミラーテストに合格できることを証明したため、ギャラップの発見はややこしいことになった。カササギがリストに加わったのは特に奇妙だった。鳥類は哺乳類と脳の構造が違っているからだ。哺乳類と鳥類はおよそ三億年前に分かれた。私たちは最終的に前頭前皮質を発達させたが、鳥は同じ部位がさまざまな構造の集合体になっている。カササギでミラーテストを行なったドイツの研究者たちは、鳥と哺乳類は自己認識が独自に進化したのかもしれず、前頭前皮質は知能を持つことの必要条件ではないとしている。社会的行動のほうが脳の構造よりも知能の予測に役立つと、この研究者たちは考えたのだ。

いずれの研究でも、解決される疑問より新たに生み出される疑問のほうが多かったようだ。理由の一つが、直接コミュニケーションを取ることのできない動物の知能の程度を評価するのが困難なことだ。そこでギャラップは対象をチンパンジーとサルから、もっと馴染みのある種へと変えた。ヒトだ。

人間は鏡とおもしろい関係を持っている。研究により、赤ん坊は十八カ月前後になるまで、鏡に自分が映っていることを認識できないことがわかっている。ほとんどの子どもはこの能力を、二歳までに発達させるが、注目すべき例外がいくつかある。たとえば知的障害を持つ人の中には、どうしても自分の像を認識できるようにならない人がいる。自閉症の人は自己認識の発達が遅れがちで、三〇パーセントはまったく習得できない。統合失調症患者も同様に、自分の鏡像に対して他人のように反応する傾向がある。アルツハイマー病患者でも、晩年になって自己認識能力を失う人がいる。

脳に損傷を受けた人が突然自己認識を失ったという症例もいくつかあり、その中には鏡に映っている他人は識別できるのに、自分自身はできないという人もいた。損傷した部位は通常、脳の右前頭前皮質――右眼球の後ろのすぐ上――で、この特定の部位に自己認識が由来することを示唆している。ある興味深い研究では、てんかん患者の右脳あるいは左脳に麻酔をかけて、その患者自身の顔と有名人の顔を合体させた合成写真を見せた。脳の左側の「スイッチが切られた」患者は、写真に自分が写っていることを認識したが、右側を麻酔された患者は認識しなかった。

赤ん坊は、自分の鏡像を認識しはじめるのとほぼ同じころに、たとえば恥ずかしそうにしたり、母親が困っていると助けようとしたりと、他人の考えや感情を意識するようになり始める。ギャラップはこの二つの状況がつながっていると考える。自我を持つことによってのみ、他者の考えや行動を推測することができるのだと、ギャラップは推論したのだ。したがって、自己認識する生物だけが、感謝、欺瞞、共感、同情、ユーモア、関連する精神状態を示すはずだ。

この世のほとんどの動物が本当に自我を持たないとすれば、これはかなり重要なつながりだ。たぶん世界は自分の存在を理解できる——そして他者の経験を推量できる——生き物と、他者をつがいか競争の相手としてしか見ないものとに分かれているのだろう(滑りやすい意識の階段をさらに降りていけば、木やアメーバなどさらに認識を持たない生き物が、第三のグループを形成するだろう)。それが正しいとすれば、ギャラップによれば、飼い犬や飼い猫は大部分の鳥と共に、第二のグループに分類されるだろうが、カササギは第一のグループに属する——私たちと一緒に。

ミラーテストで自我を正確に測れるかどうかには異論もある。一つにはテストが偽陰性の可能性を排除しないからだ。ほお紅で印をつけられた小さな子どもは、先に誰かが赤い斑点を顔からふき取っているところを見て、その印が好ましいものでないことを知ってしまうと、テストに合格する頻度が高くなると、ある研究者は指摘している。同じように動物は、自分に印がついていることに気づいても、わざわざ拭おうとはしないのかもしれない。また、多くの動物は主に視覚以外の感覚に頼っている。たとえばイヌは、視覚よりも嗅覚に関心を持つので、自己認識の感覚を持っていても鏡には反応しないのかもしれない。

前頭前皮質は人格、予想、エピソード記憶――特定の時と場所での過去の出来事を思い出すために、脳が「タイムトラベル」をする能力――とつながりがあり、おそらく社会的に責任のある行動をとるかどうか決定するのに役立つのだろう。これは一八四八年の有名な事件で実証されている。鉄道建設労働者のフィアネス・ゲージは、鉄の棒が頭蓋骨を貫通するという不運な事故に見舞われた。棒は左の頬から入り、途中眼球の後ろと脳を通って頭頂部に抜けた。彼はこの事故を生き延び、回復したが、友人はその後の恐ろしい人格の変化に気づいた。一夜にして、ゲージは精神的に安定した人間から、怒りっぽい情緒不安定な人間になり、ずっとそのままだった。仕事上も、以前と変わらず器用に職務をこなせるにもかかわらず、能率と集中力が低下した。後年の研究で、前頭前皮質は、長期的により大きな成果を挙げるために目先の喜びを後回しにする能力をコントロールしていることが明らかになっている――それはほとんどの鳥が、少なくとも意識的にはたぶんできないことだ。

いたずら好きの性格と、個々の捕食者を見分ける能力と、感情をほのめかす独特の社会的行動――葬式を執り行なうような――を持つカササギは、私たちが知能と結びつけて考えるような自我を発達させている動物の有力な候補者だ。彼らは身体の割に大きな脳を持ち、それは特定の構造が違う形で構成されているにせよ、類人猿に匹敵し人間より少し小さい程度だ。ではなぜ私たちは、カササギが鏡に映った自分を認識することに驚くのだろう？　彼らは宇宙船を造ってはいないだろうが、私たちはその生き抜くための知恵に十分な評価を与えていないのかもしれない。

同じ理屈で、私たちはすべての鳥がミラーテストに合格することを期待しないほうがいい。一九八一年に、ある研究グループが、ハトにそれができることを証明しようとした。彼らはハトを訓練して、身体の鏡に映さなければ見えない場所につけた印をつつかせるために、並々ならぬ努力を払った。ハトが自然に自分の鏡像を認識できると主張した者は、実験者を含め誰ひとりいなかった。むしろ、この研究はミラーテストへの挑戦であり、自己を識別できない動物でも訓練によって合格できるのだから、その結果を必ずしも自己認識と解釈すべきではないと示唆するためのものだった。最終的に、ハトは確かにテストに合格したようだった。しかしその反応からうかがえるのは徹底した訓練だけで、自然な認識はみじんも感じられなかった。

ギャラップはハトの実験に関心を持たなかった。「自己認識の証拠を付随させることなく、身体につけた印に反応するように動物を訓練することは」と、ギャラップはのちに書き記している。「動物の潜在的な能力というよりも、訓練手順を計画した研究者の業績について示すものである」。

言いかえれば、鏡をのぞき込んで、まっすぐ見つめ返してくる奇妙な顔が自分自身だと認識したときに走る魔法の閃光に代えられるものなど何もないのだ。白雪姫のうぬぼれの強い継母からマイケル・ジャクソンの耳から離れない歌詞「まず鏡の中の男から、生き方を変えるように僕は頼む……」まで、私たち人間は鏡に映る像に魅了されてきた。よく見れば、自分自身の一部分がカササギさんの中に映しだされているのが見つかるかもしれない。

ニワシドリの誘惑の美学

オーストラリア奥地の焼けつくような午後に、初めてバワー（あずまや）に遭遇したとき、私はそれを何かの宗教的な祭壇か、ひょっとすると悪ふざけではないかと思った。私は午前中いっぱい濃密な叢林を歩き回り、思いがけず五メートル幅の開けた土地に出たのだった。中央には高さ六〇センチほどの枝を編んだような構造物が立っており、小さな小屋のようだ。それは小枝を縦に編んで作られた二つの平行な壁で、あいだがトンネルになっており、両方の出入り口のすぐ外には白い石、白骨、緑の葉が、明らかに意図的に並べられていた。これらが整然と配列された周囲には、掃除機でもかけたのではないかと思うほどまったくむき出しの地面が広がっていた。

奇妙な捧げものに私がとまどっていると、フットボール大の褐色の鳥が、空き地のはずれの枝に姿を現し、突然のけたたましいさえずりとパキパキという音で存在を示した。その瞬間、すべて合点がいった。オーストラリアの羽を持つカサノバ、鳥類界の女たらし、オオニワシドリの独身男の園に私は迷い込んだのだ。

私が二、三歩下がって、ニワシドリについて知っていることを全部思い出そうとしているあいだに、人を疑うことを知らないらしいこの鳥は地面に飛び降り、私のほうはちらりと見ただけで、バワーの作業に取りかかった。まず固定されていない物体の山を吟味する。まわりの灌木林の中から注意深く選び、集めてきたものにちがいあるまい。頭を傾けながら石や木の葉のまわりを歩いて、自分の作品をさまざまな角度から鑑賞し、ときたま走っていって、画家がちょっとしたミスを手直しするように、物体をくちばしでつつく。満足すると、鳥はそれからしばらく新しい枝をバワーに編み込む作業にかかった。一本一本丹念に差し込んで、小屋を補強する。私は呆然と立ちつくしていた。まるでテレビの自然ドキュメンタリーを観ているようだった。

モテるためのアート

ニワシドリはその奇妙で魅力的な求愛行動によって昔からよく知られている。歌や派手な羽でつがいの相手を誘う代わりに、オスのニワシドリは並ぶもののない建築と設計の才能を披露するため、多大な労力をかけて手のこんだ構造物を作るのだ。完璧なバワーを作るには毎年十カ月かかるが、それだけの価値のある事業だ。メスはオープンハウス方式でバワーを点検し、それだけでつがいの相手を選ぶからだ。その場所で交尾したあと、メスは飛び去って独力で別に巣を造り、産卵し、ひなを育てる。オスのニワシドリは自分のライフワーク以外のことに割く時間はそんなにない。さもないと誘惑の効力が失われてしまう。やり手のオスは一度の繁殖期に数十羽のメスと交尾することもあるのだ。

約二〇種のニワシドリがオーストラリアとニューギニアに棲息し、そのすべてが、鳥類では他に例のない、この行動の変種を見せる。それぞれの種には独特の趣味がある。オーストラリア東部のアオアズマヤドリは、金属光沢のある黒い身体に青い目の鳥で、バワーを鮮やかな青の物体で飾る。木の実、葉、瓶のふた、ストロー、ボールペン、プラスチックのスプーン、洗濯ばさみ、その他適切な色合いのものならなんでもいい。黒地に黄色い模様が鮮烈なフウチョウモドキのオスは、やはりオーストラリア東部に棲息し、潰した植物と唾液を混ぜあわせたねばねばしたものでバワーの内側を浅緑色に塗る。メスは中に入ると好んで塗料を味見する。ニューギニア西部のチャイロニワシドリは、ツグミほどの大きさで控えめなオリーブ色の鳥だ。この鳥は雨林の中に三角形の小屋を建て、出入り口のすぐそばに芝生のようにコケのマットを敷き、それが数平方メートルにおよぶこともある。その上にチャイロニワシドリは、目を引く明るい色の木の実、甲虫の羽、花を数多く並べる。

オーストラリア北部に棲むオオニワシドリはニワシドリ科最大の鳥で、もっとも大きなバワーを作る。どことなく大きくずんぐりしたコマドリに似ていて、全体的に淡い黄褐色で背中には鱗状の模様があり、黒い目でじっと見つめる。オスの首筋には小さくぼんやりしたピンク色の斑紋があり、それ以外は雄も雌も褐色の羽毛に包まれていて、まったくよく似ている。私が見つけたものにも緑の葉、白い石、白骨が並べてあったように、オオニワシドリは緑と白のものを飾りつけに好む傾向がある。石、骨、日光で色あせた糞、貝殻、木の実、木の葉など、地面に落ちている自然物が一般的だが、人工的なゴミも格好の獲物だ。ガラスのかけら、プラスチック、大理石、釘にもっとも心惹かれるようだ。

ある写真家がクイーンズランドで一羽のオオニワシドリを記録したとき、その鳥はロープの切れ端、たくさんの緑色のガラスのかけら、瓶のキャップ、蓋、プラスチックのゾウ、おもちゃの兵隊などを集めていた。ある研究者が色とりどりの針金の切れ端を何種類かのニワシドリに試しに与え、それを飾りつけに加えるかどうかを見ようとしたところ、問題が発生した。近所のオスのニワシドリが互いに針金を盗みあい続けたのだ。形はそれぞれの種の中では比較的変化しないが、個々の鳥はその場の資源を利用するので、特定の場所、特定の年で流行ができることがある。緑色のプラスチックが大量に手に入るようになれば、急に緑のプラスチックのブームが巻き起こるだろう。

ニワシドリの流儀は、たとえばクジャクの長い尾羽と同じように、性選択が働いた結果だろう。クジャクの場合、メスが長年にわたり選択的に長い尾羽を持つオスとつがいになったために、短い尾羽を持つものは次第に集団から淘汰されてしまった。同じプロセスが行動にも働きうる。過去のある時点で、メスのニワシドリは希少なものを集めるオスを好むようになり、そのような鳥が遺伝子を次代へ伝えた。メスがこのようなオスを選ぶようになるほど、正のフィードバックによって飾りつけは派手になる。バワーはニワシドリの拡大表現型——進化生物学者リチャード・ドーキンスの造語で、動物の身体だけでなく遺伝子の受け渡しに影響するあらゆる外部の特徴を含む——の一部のように見えるかもしれない。バワーはクモの巣や蟻塚のように進化に左右されるものなのだ。

ヒトも性選択に左右される。財産と創造性のある男性は、ニワシドリと同じように、一般に女性を惹きつけやすい。芸術は富の一形態であり、ある意味で芸術家は、原始的な求愛の衝動から発生した信号を送っているかもしれない。しかしこれは狭く分析的な芸術観だ。私たちは芸術的試みを誘惑と結びつける必要なく鑑賞できる。芸術を創造する理由は、理由なんかないというものも含めいくつもあり、真の芸術家とは、創造性のための創造性を発揮する者だと唱える人もいる。オオニワシドリの飾りつけられたバワーは、惜しみなく時間をかけて趣味よく配置されており、そこに芸術を見いださずにいることは難しい。この奇妙な鳥が完璧な視覚パターンを追求して、大事な石と木の葉をミリ単位で動かすのを、オーストラリアの灌木林で汗を流しながら見ていた私は、そのデザインに驚いた。私は思った。この鳥はただ本能が命じるままに動いているだけだろうか、それとも芸術家なのだろうか？　そこに違いなどあるのだろうか？

ニワシドリとピカソ

芸術家の定義は当然、芸術の定義に左右される。そして芸術は、直感的に見えるが厳密な境界を拒む、とらえどころのない概念の一つだ。哲学的に言えば、芸術の単独の定義はいかなるものも的外れであり、有害でさえある。あらゆる箱は、それがどれほど大きかろうと、創造性を制約しかねないからだ。しかしほとんどの定義が一致することがいくつかある。

芸術は、制作あるいは発想において、ある種の技能を伴わねばならず、その技能が芸術家と鑑賞者が共に経験する成果に応用されなければならない。芸術の概念には、それを本質的にヒトに限定するものはない――もっとも芸術はほとんど常に人間を背景として言及されるので、辞書の中にはそのことを定義に含んでいるものもある。芸術は普通、ある種の美意識（とはいえ美もまた定義が難しいのだが）、創造性、想像力を伴う。それは鑑賞者の感覚または感情に訴えかけて、特定のメッセージあるいは自由な反応を喚起する方向へ向かわせる。芸術はコミュニケーションの一形態である。

二〇一二年、進化生物学者のジョン・エンドラーは「ニワシドリ、芸術、美学」という論文を発表し、その中でオオニワシドリについていくつかの野外実験を終えてから、この疑問に真っ向から取り組んだ。芸術家の定義が科学的に可能になる程度にまで、エンドラーは合理的な理論を追究した。一般に受け入れられているたいていの基準に合う芸術の定義を考えだし、それからニワシドリがそれに当てはまるかどうかを考えるというものだ。

エンドラーは視覚芸術の生物学的な定義を「他者の行動に影響を与えることを目的とする、ある個体による外部の視覚的パターンの創造」と定めた。この意味で芸術は、身体が発するあらゆる信号とまったく同じように機能する信号である。それは鑑賞者に見られ、芸術家と交尾する結果さえ生むかもしれない。この定義では、人間もニワシドリも共に芸術を生み出す。

エンドラーはもう一歩進んで、ニワシドリの文脈で美学を定義しようとした。これはあつかいが難しかった。美的感覚は一般に美を評価した結果として考えられ、美はヒトの基準である。エンドラーは美を自分の定義から一切はずして、ダーウィン的論理に頼った。美学は芸術作品のあいだでの「判断の行使」を伴い、それは芸術家と判断者に「適応度の変化」——生存し繁殖する能力の変化——をもたらすと、エンドラーは主張した。誰かが芸術作品の中からあるものを選ぶたびに、生命は、芸術家と鑑賞者両方にとって進化の過程に影響を与える。これは魅力的な考えだ。

この議論はすべて、ニワシドリが視覚的にバワーの序列をつけることができることを前提にしているが、それは決して既定条件ではない。しかしエンドラーが行なった野外実験の一つは、ニワシドリがそうしている証拠を示す、きわめておもしろい結果となった。

オスのオオニワシドリが、メスに求愛して交尾に持ち込むために最高のバワーをどのようにデザインするかを、エンドラーは知りたいと思った。求愛行動は単純だ。バワーを訪問したメスは、外側を歩き回って作りを見てから、小枝を垂直に立てた平行の壁のあいだにできた通路に足を踏み入れる。この時点でオスは非常に興奮して、集めた品物が置かれた「庭」に駆け込むとメスの前で特に貴重な所有物を次から次へと——おそらく明るい色の洗濯ばさみから——しきりに拾いあげてみせ、後頭部にあるパーティー用のピンク色の冠羽を広げながら、それらの品をメスの目の前で振る。オスは積み上げたものの上に立つことはしないで（そうすると品物がメスに見えなくなってしまうから）、身体を一方に傾ける。メスからは出入り口から突き出た頭だけが見える。メスはこのパフォーマンスを元に決定を下す。

この求愛行動は、本質的には指定された座席（バワー）についた観客（メス）と舞台上（庭）の演技者（オス）がいる舞台芸術だ。メスには、オスがあらかじめ決めた場所からそれを見るほかに、選択の余地はない。これは形勢が少し変わるということだ。最終判断はメスがするだろうが、オスは芸を使ってその判断に影響をおよぼすことができる。

バワー周辺の物品の配置は決して行きあたりばったりではないことにエンドラーは気づいた。オスのオオニワシドリは、出入り口から離れるにつれてだんだんと大きなものを置き、強化遠近法を使っている——メスの視点で外を見ると、すべて同じ大きさに見える——のだ。これは明らかに意図的なものだ。試しにものを並べ換えてみると、オスは二、三日のうちに位置を直してしまう。そして並べる作業のあいだ、たびたびバワーに入っては、メスにはどう見えるだろうかと想像しているかのように外をのぞき見ている。遠近法は、バワーから離れた物体が実際より小さいように、それに伴ってそのそばにいるオスが実際より大きいような錯覚を作りだす。

強化遠近法は人間の芸術家も何世紀も前から使っている。山を背景にして立って手を伸ばし、カメラの位置からは指先で頂上を触っているように見える古典的な記念写真を撮ったことはないだろうか？

それが強化遠近法の極端な例で、山が高さ五センチに見えてしまうのだ。ミケランジェロは強化遠近法を、もっと微妙な方法でダビデ像に使っている。この彫刻は下から見上げられることを意図しているので、胴と頭を少し大きくし、足に比べて小さく見えないようにしたのだ（横から見るとこの効果ははっきりわかる）。ギリシャ人は円柱の上部を細くして高く見えるようにした。ディズニーランドのシンデレラ城の建築家は、遠く見えなくなっていくように屋根の塔を小さく設計し、城を実際より大きく見せている。錯覚は観客が、バワーの中に座ったメスのニワシドリのように、予想どおりの場所から見てくれるかどうかにかかっている。オスのニワシドリはこのトリックを知っているのだ。

エンドラーが、研究したニワシドリの各個体の交尾成功度を分析したところ、もっとも交尾を数多くできたオスは、もっとも整然とした形にバワーを作り、もっともうまく強化遠近法を使い、もっとも強く錯覚を引き起こしていたことを発見した。これは、メスはさまざまな質の視覚的パターンを見分けられたということだ。そしてこうした選択が雌雄双方の交尾成功度に影響しているので、ニワシドリが、エンドラーの定義によれば、たしかに美的感覚を持っていることを、この研究は証明している。

構造物を作る動物は他にもおり、飾りつけまでするものもいる。多くの鳥は周囲に合った材料を使って巣をカモフラージュする。北米のオオヒタキモドキはヘビの抜け殻を巣からぶら下げる習性を持つ。これは捕食者を寄せつけないためだと考えられている。クモの中には網に糸で特殊な装飾を施すものがいる。おそらく昆虫を引き寄せるためか、あるいは鳥の目を欺くためだろう。エンドラーの芸術の定義――他者の行動に影響を与えるために外部の視覚パターンを創りだすこと――に照らせば、これらの動物はどれも芸術家の資格を持つ。しかしどの事例も、構造物には別の目的がある。巣は隠れ場所だ。網は餌を獲るためだ。

実用的な芸術作品があってもおかしくはない。たいていの実用品が芸術的に作れるように。日用品の優れたデザイン――椅子、コンピューター・グラフィック、衣服――は芸術の一分野だと言う人もいるだろう。だが一般に芸術と考えられているのは「ファインアート」と呼ばれるもの、いかにもギャラリーや美術館にありそうな、普通は視覚コミュニケーション以外の機能を持たないものだ。その第一の目的は、鑑賞者の感情や行動に影響をおよぼすことである。

このような狭い、芸術至上主義的な定義によって、鳥の巣、クモの網、その他動物が作る構造物はすべて除外されると、エンドラーは考える――物理的機能を持たないニワシドリのバワーを唯一の例外として。ニワシドリとヒトだけが、鑑賞者の行動を変えるだけの目的で、ものを創造し展示するのだと、彼は言う。そしてこれは、きわめて興味深い結論をもたらすと私は信じる。うまくデザインされたバワーが家具よりもピカソの絵画に近いとすれば、ニワシドリは木工職人どころの話ではない――ピカソそのものだ。

芸術が進化を促す

ヒトは少なくとも四万年前に芸術を創造しはじめ、今なお見ることのできる迫真の絵でヨーロッパの洞窟を飾っていた。なぜ、いかにして遠い先祖が周囲にあるものの表象を作る必要を感じたのかはわからない。しかし描きだされた動物や人間の手形――多数の抽象的な落書きのあいだに散在している――は強い印象を与える。洞窟壁画は、長い長いあいだ芸術が人間の条件の一つであったことを、私たちに思い出させる。

いったいどのようにしてわれわれが芸術にこれほど惹かれるようになったのかは、歴史学者と生物学者のあいだで大論争のテーマとなっている。その起源は絵画、文学、音楽、言語、舞踊、演劇、宗教の始まりとともに霧のかなたにあり、歴史を深く掘り下げるほど、それらと重なる部分が多くなってくる。これらの分野は総体として、観念を形・音・動きにより象徴するもの——現代の文化を発達させることを最初に可能にした進んだ知的能力——で、ヒトの脳が抽象的思考能力を持つことを表す。すべての芸術はこの意味で抽象的であり、それはあらゆる芸術家に処理能力を要求する。

芸術は人間の高性能な脳の副産物として発達したという主張をする者がいる。また芸術は進化の上で人間に優位を与え、厳密に進化論的な選択から生まれたと言う者もいる。またある者は芸術を社会文化の産物と考える。見方はどうあれ、視覚芸術は記録が存在するほとんどすべての人間社会に見つかっており、そのため芸術は人類普遍のものと考えられている。しかしそれは人類だけなのだろうか？

ニュージーランドの芸術学教授デニス・ダットンは、最近の著書『芸術の本能』で、芸術はクジャクの尾羽が長くなったのと同じように、純然たる自然選択によってヒトの中で進化したと主張している。芸術は人間が配偶者を見つけるのに役立つと、彼は言う。すぐれた絵画や彫刻を所有していることは高い地位を意味し、それらを芸術家が披露すれば、個人の能力を表す。同じことが他の芸術にも言える。音楽は誘惑の言語であり、ダンスは求愛行動というように。私たちが芸術に価値を置くのは、それが富と業績を象徴するからだ。芸術は有用であり、実践する者に優位を与え、そのため当然のように人類のまさに中心に組み込まれるようになった。

このように主張することで、ダットンは、芸術がヒトだけのものではない可能性を認めている。自然選択の力はすべての生命体に平等に働くので、芸術的才能が人間だけに進化したと考える理由はほとんどない。

同書のタイトルはこのような考え方の変化を反映している。芸術は普通、創造的なプロセスだと考えられているが、自分で思っているほど私たちはそれをコントロールしておらず、長い年月をかけて進化した先天的な素質に駆り立てられて芸術を作っているのだとダットンは述べる。偶然にも、これはニワシドリに芸術的才能があることを否定する、もっとも興味深い議論かもしれない。なぜならそれは、この鳥は創造性がなく、完全に本能にもとづいてデザインしていることを意味するからだ。オオニワシドリはすべて、小枝で壁を作り、同じ取りあわせの固定されていない物体で飾りつける。この形は鳥のあいだであまり変わらないので、創意に富むとはほとんど考えられない。

しかしニワシドリもかすかな創造性を見せることがある。それを地理学教授のジャレド・ダイアモンドが、『銃・病原菌・鉄』などの著作で有名になる数年前の一九八〇年代初めに証明している。ニューギニア奥地でフィールドワークをしていたダイアモンドは、それまで知られていなかったチャイロニワシドリの個体群を発見した。この種は、三角形の手のこんだ小屋を造り、その周囲をコケのマットと色とりどりのもので飾る。この新発見の孤立した個体群は、外見や行動はすでに研究されていたものと同じだったが、明るい色よりも茶色と黒の装飾を好むようだった——ちょっとゴス・サブカルチャーのようだ。彼らがどのようにして新しい趣味を身につけたのか、ダイアモンドは不思議に思い、解明のために実験してみることにした。

熱帯雨林の中で、ダイアモンドは七色のポーカーチップをバワーの近くにまき散らし、鳥がその見たこともない品物を自分の飾りつけに加えるかどうかを観察した。これは目新しいものではない。他の地域のニワシドリは、喜んで人間のゴミに飛びつく。ダイアモンドが本当にテストしたかったのは、個々の鳥に独自の色の好みがあるかどうかであり、そのためすべてのニワシドリが必ず同じものに触れられるようにポーカーチップを与えたのだ。

これまでのタイプのチャイロニワシドリはポーカーチップ、特に鮮やかな青と赤のものに熱狂した。この二色は大変な人気があり、周辺のオスは他のオスの飾りつけから頻繁にそれを盗んだので、ダイアモンドはどのチップがどこにあるのか追跡するためだけに、チップに番号を振らなければならなかった。しかし暗い色の実や石を好む新しい個体群の鳥は、ポーカーチップに触ろうともしなかった。その鳥たちは新しい美の基準を発達させたようだったが、それ以外ではほかの鳥と変わるところがなかった。それぞれの個体群は、バワーの飾りつけが派手なオスと地味なオスのどちらをメスが選ぶかで、視覚的な好みによって隔てられているので、この鳥たちは繁殖に関して互いに孤立している。これは本当に驚くべき意味を持っている。この傾向が続けば、美的選好の違いから、二種類のニワシドリが、やがて生まれることになるだろう。進化が芸術を促すのでなく、芸術が進化を促すのだ。

同時に、それぞれの個体群にいる個体のあいだでも色の好みは相当違っており、また成熟したオスは若いオスよりも複雑なバワーを造る。オスはものをしょっちゅう盗みあっているので、隣人の技術を品定めする機会が多く、何らかのヒントを得ているのかもしれないとダイアモンドは述べている。若いオスのオオニワシドリは、独力で自分のバワーを造る前に構造物を共同製作することがあり、メスは二羽一組、あるいは小グループで動いてある地域の才能を品定めする。ダイアモンドの考えでは、ニワシドリの美的選好は本能に根ざしてはいるが、部分的には習得したものだという。これはつまり、ニワシドリの美的感覚は、人間の芸術様式のように文化的に伝えられるということだ。

さて、一方にデニス・ダットンのように人間の芸術はもっと本能的だと主張する人がいて、もう一方にジャレド・ダイアモンドのようにニワシドリの芸術はそれほど本能的ではないと言う人がいる。芸術においても、人間と動物のあいだにあるとされる隔たりは、両方の端から崩れているのだ。

ギャップが存在しないということではない。芸術は生存利益にほかならないとするダットンの理論には限界がある。金持ちが百万ドルの絵を豪邸に飾る理由や、私たちがダンスクラブで音楽を聴く理由を説明するのにそれは役に立つだろうが、ダーウィンの自然選択と、たとえば教科書のイラストや個人の再生リストにある曲を結びつけるのはもっと難しい。コミュニケーションの一様式として、芸術は誘惑とステータス以外にもさまざまなメッセージを伝えるだろう。そしてニワシドリはルネッサンスの傑作を描いているわけではない。何らかの表象芸術を創造するのはヒトだけだ。しかし類似性は思っていたより大きいかもしれない。もう百万年かけて技術を洗練させたら、ニワシドリが何を創りだすかは、想像するしかない。

孤独な芸術家

ダーウィンとも一、二度交流のあったイタリアの優秀な植物学者、オドアルド・ベッカーリは、一八七二年にニューギニアのジャングルを探検していて、小さな小屋を偶然見つけた。「木を登っていった小さな有袋類を撃った直後」とベッカーリはのちに記している。「小道の近くで振り返ると、私は工芸品の正面にいた。それまで知られていたどの動物が作る精巧な品よりもすばらしいものだ。それは花をちりばめたミニチュアの草原に建つミニチュアの小屋だった」。

ベッカーリ――おそらく初めてニューギニアのバワーを見つけたヨーロッパのナチュラリストだ――は、それを現地部族の建築物だと考えたが、何のためのものか見当がつかなかった。儀式の供物か？子どものおもちゃか？　小さな小屋は不可解だった。やがてニワシドリを「小屋」で捕らえたベッカーリは、その構造物に畏敬の念を抱くようになり、数日かけて観察し、クレヨンでスケッチし、さまざまな構成上の特徴と装飾を記録した。

動物の仕事が人間のものと間違われたことは、歴史上これだけではない。スウェーデンには有名ないたずら芸術の話がある。一九六四年、第二次世界大戦後の抽象絵画全盛のさなか、あるいたずら好きのジャーナリストが動物園の飼育係を口説いて、ペーターという名の四歳のチンパンジーに油絵の具を与えた。筆で絵の具をキャンバスに塗りつけることをチンパンジーが覚えると、ジャーナリストはペーターの最高傑作四点を、スウェーデン第二の都市イェーテボリの美術館で開催される美術展に、ピエール・ブラソーというフランス人の偽名で出品した。絵は本当の出所を表示されることもなく、他のヨーロッパの芸術家の作品と並べて展示され、美術評論家たちはほとんどこぞってそれを賞賛した。ある評者は、残りの展示物はすべて酷評しながら「ピエールはバレエダンサーの繊細さで創作する芸術家だ」と書いた（ある反対意見の評論家は鋭くこう述べた。「こんなことができるのはサルくらいなものだ」）。ペーターの絵の一つは九〇ドル（現在の約七〇〇ドル）で蒐集家に売られた。ブラソーの本当の正体が明らかになると、評論家たちはいっそう感銘を受けた――そしてペーターの名声は全世界に知れ渡った。いたずら芸術は――所有者が全情報を開示した上で売買されるオランウータン、ゾウ、ゴリラ、その他の動物が描いた絵画とともに――外見で芸術を厳密に定義することの難しさを際だたせる。ある物体を作ったのが鳥か、チンパンジーか、ヒトかわかりもしないのに、何が芸術で何がそうでないか判断するなんて、私たちは何様のつもりだろう。芸術を人間だけのものにするのは無理がありすぎ、おそらくは偽善的だ。ヒトは創造性を確実に手にしているようには思えない。

芸術の一番いい定義は、もっとも単純なものかもしれない。芸術とは芸術家が芸術だというもの全部である。誰かが芸術的精神を持って創作したら、それは誰からもそのように受け取られるべきなのだ。これが循環論法に見えようが、たいていの場合創作者が導かなければ、作品に何が込められているか知る術はない。だから美術展では、観覧者は展示されている作品を鑑賞するのと同じくらいの時間を、しばしば小さな解説プレートを読むのにかけるのだ。私たちは、誰がそれを制作したのか、どのように制作したのか、それは何を意味するのか知りたがる。美が見る者の目の中にあるのなら、芸術は、当然、作者の意図の中にある。

残念ながら、ニワシドリがバワーを造り、飾っているとき、その意識の中を何が通り抜けているのか、私たちにはわからない。たまにメスが立ち寄ってくれること以外の満足を、鳥は得ているのだろうか？　自分に才能があると思っているのだろうか？　もし尋ねることができたら、ニワシドリは自分のバワーを芸術だと呼ぶだろうか？　尋ねることはできないので、私たちは彼らの奇妙な構造物にどう反応していいかよくわからないのだ。

ニワシドリの知能がきわめて高いことははっきりとわかっている。もし芸術に必要な抽象的な思考を伝える鳥がいるとしたら、ニワシドリは有力な候補だ。彼らの一番近い親戚は、カラス、ワタリガラス、カケス――たぶん地球上でもっともかしこい鳥たち――を含むカラス科で、それに見合った大胆で好奇心旺盛な性格を備えている。

ニワシドリの多くは、昔から知能の指標とされている鳴きまねが非常にうまい。ニューギニアの山地に棲息するカンムリニワシドリには、滝の音、ブタの鳴き声、ヒトの話し声をまねた記録がある。道具を使う種もあり、棒を筆のように使って、噛みつぶしてどろどろにした植物をバワーの内側に塗りつける。

彼らは他の比較的小型の鳥に比べて大きな脳を持ち、複雑なバワーを造るニワシドリ類ほど脳が大きいことが研究でわかっている(そして建築と装飾をすべて行なうオスは、メスより少し大きな脳を持つ)。

誘惑という動機があからさまで圧倒的であることを考えると、ニワシドリが人間のような形で自分を芸術家だと考えているというのは、たしかにこじつけのように思える。鳥の注意はおそらく創造の不滅よりも、通りすぎるメスのほうに向けられているだろう。だから作者が芸術を決めるという定義はニワシドリを排除する。たぶん彼らは、芸術を何か高尚な分野とは思っていない。だがごく最近まで私たちもそうだった。芸術の辞書的な定義は時と共に変わってきた。芸術が、単純明快な工芸品でない何かを表すようになったのは、ほんのここ四百年ほどのことだ。歴史の大部分を通じて、人々は役に立つからという理由で芸術に価値を置いてきた。芸術家は物づくりに長け、芸術品はその持って生まれた性質によって定義された。ルネッサンス期でさえ、著名な画家たちは知識人というより熟練の職人と考えられることが多かった。

著作権法が初めて制定されたのは十八世紀になってからで、それ以前は知的所有権という概念を持つ芸術家はほとんどいなかった。かつては、芸術作品を模造することはよい練習だった。この技能を持つ者は、本来の作者から一目置かれた。芸術と工芸が同じものだったからだ。しかしそれも変わった。今日、贋作者は刑務所に送られ、モネの絵画は数千万ドルで取り引きされるが、贋作にはそれほどの値打ちはない――トップクラスの鑑定家でさえほとんど違いがわからなくても。芸術と技能の定義は分離され、今では評判と技能が、発想と完成度が同じくらいに評価されるようになった。

ニワシドリは、完璧なバワーを実現するための技術を一生かけて磨く、昔気質の職人だ。二、三百年前には、それが人間の芸術の定義をすべて満たしていただろうが、現代では十分とは言えない。鳥は署名することも主題を探求することもないので、芸術家としての資格に欠けるのだ。正直なところ、この区別が人間と鳥のどちらにとって名誉となるのか、私にはよくわからない。

ときどき私はニワシドリが少し気の毒になることがある。彼らはよい印象を与えることにすべてを捧げるようになったが、彼らが印象づけたいと思うメスには、そのよい印象の他には何も残らない。オスのニワシドリは、それが苦闘する芸術家であれ狡知に長けた誘惑者であれ、生涯独身で、仕事に打ち込むあまり自分の子どもを育てることはない。完璧なバワーを造ろうとすれば、それ以外のことをする時間はないのだ。

オーストラリアムシクイの利他的行動

気温が四三℃を超えるとき（オーストラリア北西部ではよくあることだ）、私はいつもモーニントン自然保護区のウォークイン冷蔵庫に引きこもって、重い扉を閉め、明かりをつけ、ホオグロオーストラリアムシクイのことを考えた。環境のあまりの過酷さにサー・シドニー・キッドマン——オーストラリアでは有名な牧場主で、二十世紀初めに五シリングと片目の馬一頭から始めて大陸全土の三パーセントを所有するに至った——も手に負えなかった地域で、この可憐な鳥がどのように生き延びているのかは、ここでは語らない（キッドマンはモーニントンを捨てるとき「原住民が牛を槍で突くこと」と「土地の険しさ」を理由に挙げている。その当時冷蔵庫はなかった）。私はむしろ、オーストラリアムシクイの社会的習性に感銘を受けていた。食料や生活必需品が小型飛行機で配達され、孤独が重苦しくのしかかる、焼けつく原野のもっとも荒れ果てた一角で、ミニチュアのメロドラマが日々演じられているのだ。それを見るには目を向ける場所がわかりさえすればいい。

オーストラリアムシクイは、大きさもよく弾むところもピンポン玉に似て、それに鉛筆くらいの尾がついたような小さな身体を、派手な色に飾り立てている。オーストラリアムシクイの仲間は全部で一四種で、そのうち九種がオーストラリアに棲み、すべてまばゆいばかりの外見をしている。乾燥した北部内陸部の固有種であるホオグロオーストラリアムシクイのオスは、キャンディのような紫色の頭、黒い頬、空のように青くきらめく長い表情豊かな尾をひけらかしている。メスはもっと控えめな色づかいで、青灰色の頭部と赤みを帯びた頬の模様が、目のまわりの白い輪でとぎれている。だが、オーストラリアムシクイの熱狂的愛好者をもっとも魅了するのは、その協調性だ。

私が引きこもっている冷蔵庫から一〇〇メートルほどのところで、あるメスのホオグロオーストラリアムシクイが、いつも子育てに励んでいるのを見ることができた。オーストラリアムシクイとしては、そのメスはかなり働きもののほうだった。たくましい連れあいと共に、すでに元気な二羽のひなを育てあげ、二、三カ月前に巣立たせていた。今彼女は二つ目の巣を取り仕切っていた。草と木の葉を密に編んだボール型の巣は、横に出入り口の穴があり、小川に沿って生えるタコノキの棘だらけの茂みに守られている。しかし前に巣立ったひなは、今では大人と同じ大きさに育っていながら、この土地を離れていない。ほとんどの鳥は巣立ったあと散り散りになってしまうのに、この若い鳥たちはまわりをうろつき、弟や妹のために餌を運んで、両親が次のひなを育てるのを手伝っている。これがこの鳥の興味深いところだ。

私がこれを知っているのは、この鳥の習性の長期的研究の一環として、時間をかけて——何日も、何週間も、何カ月も——注意深く観察したからだ。私は川沿い一〇キロに棲むオーストラリアムシクイの個体をすべて目視で確認した。それは一〇〇羽の兄弟姉妹、おじ、いとこ、祖父母、たまに新参者からなる一家族が広がったもので、すべてが四〇カ所のきっちりと区切られたなわばりに押し込められていた。それは近隣の住民がみんな知りあいの、四〇軒の家が並んだ郊外の通りのようなものだ。

この通りでは、近所の人がひょっこりやってきて、互いの子どもの面倒を見ることがある。鳥類ではめったにない習性だ。全世界の種の中で、自発的にほかの鳥のひなの世話をするのは三パーセントから八パーセントというごくわずかな鳥――例を挙げれば、ドングリキツツキ、フロリダカケス、ミゾハシカッコウ――だけだ。この種の共同営巣は一見すると進化上の謎だ。どの生物も普通は、生存と繁殖のために自己の利益を最優先にすると考えられているのに、はっきりした利益もなしに自分の労力を費やして、進んで他者を助けるものがいるのはなぜなのか？

血縁にはしばられない

オーストラリアムシクイを長く観察するほど、私はこの疑問に興味を感じるようになった。私は他のあらゆる動物の協力行動について調べ、そして考えられているほど野生動物が利己的にふるまうとはかぎらないことを知った。チスイコウモリは二匹一組となり、相棒が食事なしで夜を過ごすときには血を吐き戻して与えあう。イルカは病気や怪我をした個体――時にはアザラシやヒトのような別種――を呼吸できるように水面まで押し上げる。キツネザルは親族以外の子どもの世話をする。例は枚挙にいとまがない。折に触れて助けあうのは人間だけではないようだ。

鳥の世界でも、協力行動の例は数多くある。ある鳥が捕食者を見ると、それはしばしば警戒音を発し、周辺にいるもの――別種であることもある――に危険を警告する。たとえそうすることで注意を引き、たぶん警告者が食べられる確率が高まるとしても。ウズラなど群れで採餌する鳥の中には、他の鳥が食べているあいだ見張りを立てる習慣を持つものもいる。なぜそんな余計な危険を冒すのだろう？　もしすべての鳥がまったく利己的であったら、自分自身を危険にさらしながら、進んで他者を守ろうとはしないだろう。

　人間の利他主義――見返りを期待せず、自己を犠牲にして行なわれる善行――に関する文献は同じように興味深い。思いやりのある行動を取るという点で、私たちは他の動物とそれほど変わらないのかもしれず、また自分で思いたがるほど自分の行動をコントロールできないのかもしれない。協力そのものは数学理論で説明することができ、それはさまざまな分野に関係するだろう。犯罪、カンニング、冷戦、黄金律（訳註：「人にしてほしいことを自分も人にせよ」という道徳律）、赦（ゆる）し、癌研究――そしてもちろん、オーストラリアムシクイにも。

　共同営巣は利他的行動の究極的な例だ。明らかに他の個体が次世代に影響するのを助けるからだ。互いに巣の世話をすることで、オーストラリアムシクイは、近年リチャード・ドーキンスの支持を受けたダーウィン進化論の基本原則――他人をすべて押しのけて自分の遺伝子を次代へ伝える――に違反しているように見える。繁殖が第一の目的であれば、他者の子育てを手伝って自分の子育てを遅らせるのは非論理的ではないか。

　地理的条件がこの謎の根本的なヒントになる。共同で営巣する数少ない鳥の多くがオーストラリアとアフリカに集中しており、このような鳥の多くは、オーストラリアムシクイを含めて灌木地か草に覆われたサバンナに棲んでいる。先の読めない環境、たとえば突然の乾季と雨季のあるサバンナでは――あるいは株式投資業界では――多角的なチームワークが望ましい。もっと小さなスケールで見れば、最良のなわばりが限られた場所では、若い鳥はどこかで空きができるまで親元にとどまり、自立して生活ができるようになるまで事実上家賃を払うようなシステムが生まれるだろう。

しかし地理だけではオーストラリアムシクイの協力行動を完全に明らかにすることはできない。この鳥には営巣の手伝いがいることもいないこともあるからだ。科学者は協力の進化に関心を持っている。それが直感に反しているからだ。無私の行動を説明しようとすれば、すべての行動は、結局のところ、実は利己的であるという考えにもとづいて、何らかの最終的な利益の話にたいてい必ずなる。すると問題は、純粋な利他主義がそもそも存在するのか、それともすべての「親切な」行動は慈善家の利益になることが予測されるのかということになる。率直に言おう。ヒトが互いに親切にするとき、それはしばしば究極的には利己的な理由からだ。オーストラリアムシクイも大して変わらないかもしれない。


共同営巣の一番わかりやすい説明は、ヘルパーが通常は親類であることだ。自分の遺伝子の継承を助けるという意味で、兄弟は息子と同じだ。どちらも自分と遺伝子が五〇パーセント共通するからだ。実の親と近縁だとすれば、オーストラリアムシクイのヘルパーは、わざわざ自分の子どもを持たなくても、子育ての遺伝的利益を受け取ることができる。両親が映画を観に出かけているあいだ、兄が弟や妹の子守をするようなものだ。それは仕事だが、少なくともヘルパー自身の遺伝子のいくぶんかを守る結果にはなるのだ。

モーニントンでの研究で、ホオグロオーストラリアムシクイの協力は主にそのようなものであることがわかった。研究者がヘルパーの家系を調べると、六〇パーセントが両親と、九〇パーセントは少なくとも親の片方と暮らしていた。余分な餌を巣に運んできたヘルパーは、たいがい自分の弟や妹に与える。

この鳥は一般に一夫一妻なので、どの巣でも卵は世話をする二羽の成鳥の——さらにヘルパーの——遺伝子を持っていると考えられる。

赤の他人より近親者を助けたいと思うのは、なんとなく当たり前のように思える。これを専門用語で「血縁選択」と呼ぶ。親しさはことを複雑にする要因だ。どちらも遺伝子が共通していないのに、知らない人より友達を助けたいと思うのが普通だ。そして一般に家族がもっとも親しいのは、一緒に住んでいるからだ。それでもおそらく、遺言書には赤の他人より先に別居の親族の名前を優先して入れるだろう。また腎臓を提供するなら親友よりも家族にと思うかもしれない。よく言われるように、血は水よりも濃いのだ。動物の利他的行為と思われる事例のほとんどは、遺伝的な親族のあいだで起きる。

したがって、オーストラリアムシクイは、遺伝子を共有するひながいる巣の手伝いをする傾向があり、共通の遺伝子が少ないほど手伝いをしなくなることを科学者は確認している。英国の遺伝学者J・B・S・ホールデンは、この概念を数十年前すでにしっかりと把握していた。溺れている友人を命がけで助けるかとの質問に、彼は気の利いた言葉で答えた。「いいや。兄弟二人か、いとこ八人なら助けるが」——兄弟は一人が自分と遺伝子が五〇パーセント共通しているが、いとこは一二・五パーセントしか共通していないということを言っているのだ。

しかしホオグロオーストラリアムシクイのヘルパーには、援助する相手と血縁のまったくないものもいる。若く散り散りになった鳥がある地域に流れ着き、どのようにしてか縁もゆかりもないつがいの成鳥に受け入れてもらい、ひなに餌を与える手伝いをしだすのだ。このような事例は特におもしろい。それは血縁選択では説明できないからだ。こうしたヘルパーが遺伝的な利益を得ていないとすれば、なぜそんな気前のよいことをするのだろう？

友好的にふるまう

オーストラリアムシクイと協同を全体として理解するためには、オーストラリアムシクイが鳥であることを忘れて、戦略的競争における一般的、形式的な存在として扱ってみるといいだろう。生存は単なるゲームで、それぞれの鳥はプレーヤーだと想像してみる。彼らはさまざまな状況で、互いに協力するか否かを決定でき、その決定がそれぞれ最終的な成功に影響する。自分の遺伝子を次代に伝える可能性を最大にしてゲームに勝つためには、協力しあうときには独力でやっていくと決めた場合よりも多くの得点を稼ぐように——そして協力がうまく行かなかったとき自分を余計な危険にさらさないように——鳥は完璧な戦略を選択しなければならない。

このように考えると、オーストラリアムシクイの共同営巣は、つまりはゲーム理論の問題、戦略的意志決定の研究になるだろう。これは、オーストラリアムシクイにとっての完璧な生存戦略のようなものがあること、ある戦略は他の戦略より優れていること、ともかく実生活を論理パズルとして表すことができることが前提となる。しかしゲーム理論は、現代の数学者によってよく研究されていて、世界戦争からガン細胞まで協力について多くを教えてくれる。同じように鳥の行動についても説明してくれるだろう。

理論的には、協同するかしないかの決断は、想像以上に微妙なことがある。たとえ協力しあうほうが有利になるときでも、ときには目先の報酬が協同より重視される。これは「囚人のジレンマ」で知られる古典的な戦略プログラムで説明される。

あなたが銀行強盗の容疑で親しい友人と一緒に逮捕されたとする。裁判までのあいだ、警察はあなたと共犯者を別々の監房に入れ、そしてそれぞれに選択肢を与える。黙秘するか、それとも取引を期待して相棒に不利な証言をするか。相棒がどうするかは知る術もないが、警察は完全に正直だ。彼らはこう忠告する。二人とも黙秘すれば、二人とも懲役一年の刑を受ける。二人とも相手を売れば、二人とも三年の刑を受ける。あなたが相棒を裏切り相棒があなたをかばえば、相手は十年の刑になるが、あなたは無罪放免だ。

全部を見て一番いい結果となるのは、二人とも黙秘したときだ――この場合二人とも一年で釈放される。しかし友人があなたのためを思っているかどうかはわからない。相手も同じことをするだろうと期待して友人をかばえば、自分が最悪の判決を受ける危険がある。そしてここで裏切ったほうが勝算が高いことに気づく。黙秘すれば一年か十年だが、裏切ればゼロか三年だ。黙秘した場合の刑期の平均は五・五年だが、相棒に不利な証言をすれば、平均一・五年だ。あなたは利己的で論理的なので、友人を裏切る――そして同じ理由で、友人はあなたを裏切る。二人とも一年の刑ではなく、三年勤めることになる。

これは有名な問題だ。この状況は一九五〇年に、アメリカ軍の分析グループにいた二人の数学者が初めて記述したもので、二人ともゲーム理論の専門家だった。彼らは、ある状況では、たとえ助けあいがよりよい結果を生む場合でも、数学的に協力が不利になることに気づいた。ゲームの各プレイヤーが利己的で論理的であるかぎり、二人の対抗者は最良の結果に向けて協力するとは限らないのだ。

彼らは最初このジレンマを、軍事戦略の観点から考え出した。それはきわめて先見性があったことが証明される。一九五〇年には、アメリカとソ連の不安定な休戦が始まったばかりだった。アメリカは五年前に日本に原爆を落として、たちまち降伏させた。ソ連は自前の核弾頭を、その前の年に初めて爆発させていた。二人のアメリカ人数学者は、その後四十年続く冷戦期の軍拡競争に、うすうす勘づいていたのかもしれない。

政治学者の中には、冷戦は一つの大きな囚人のジレンマだったと言う者もいる。双方に二つの選択肢があった。軍拡か軍縮か。もし双方が軍縮すれば、出費もなくなり誰も傷つくことがない——明らかに最善の結果となる。双方が軍拡すれば、どちらの国も多額の予算を内政ではなく核開発に注ぎ込むことになり、共倒れの可能性が増す。しかし一方が軍拡をし、もう一方が軍縮すれば、即座に一方が優位に立つ結果になる。どちらの立場からも軍拡競争を続けたほうがいい。協調すればばかばかしく恐ろしい行き詰まりを避けられたとしても。

このジレンマは他のさまざまな状況でもひょっこり顔を出す。企業間の価格と広告競争、スポーツでの運動能力向上薬の使用、女性の化粧さえも。これらすべての状況は、少なくとも概念的には、囚人のジレンマの数学的条件を満たす。そこには四つのシナリオが考えられ、先のものほど自分にとって望ましい。（1）自分が相手を裏切り、相手が協調する。（2）二人とも協調する。（3）二人とも相手を裏切る。（4）自分が協調し、相手が裏切る。

これは純粋に理論的な存在が、たとえ助けあいが関係者すべてにとって利益になっても、協力しない選択をしうることを示す。囚人のジレンマは、誰もが自滅に至るほど利己的であるという一般的な観念をある程度裏付けているのだ。あるいくつかの条件のもとでは、個人は前に出ようとして互いに妨害する決定を下すことをこのジレンマは予測する。ちょうど「共有地の悲劇」（類似の社会的ジレンマで、集団のメンバーが共有する資源を利己的な理由から枯渇させてしまうというもの）のように、囚人のジレンマは、集団にとって最善であるものが、いかなる個人にとっても必ずしも最善ではないという事実に焦点を当てている。

二人の個人が協力するとき、少なくともそのうち一人はたいてい短期的に犠牲となる。オーストラリアムシクイでは、ヘルパーは年長の鳥のひなに餌を与えるために自分が繁殖する機会を失う。こうした犠牲はおそらく長期的な利益につながっていて、それは先払いした協力のコストを上回るのだろうが、鳥が論理的で利己的だとすると、彼らは本当にそんな遠い将来を見通すことができるのだろうか？

囚人のジレンマの問題点は、そんな状況に日々の生活の中でほとんど出会わないことだ。二人の個人間のいかなる交流も、普通は一回かぎりのものではなく、相手にいつかまた会うかもしれない。今相手を怒らせたら、あとで後悔しかねない。自分の行ないは自分に返ってくるものなのだ。この事実だけで戦略的協力関係を促進するには十分だ。アメリカの政治学者ロバート・アクセルロッドが一九八〇年代に証明したように。

アクセルロッドは、囚人のジレンマの状況が何度も続けてくり返される型のゲームに関心を持った。ここでは二人の対抗者が毎回協調するか裏切るかの選択をする——実生活をより忠実に模倣したゲームだ。一九七〇年代なかばには、この数学問題一つについて二〇〇〇本を超える学術論文が発表されていた。その多くは、可能性のあるさまざまな戦略を説明するものだった。アクセルロッドはトーナメントを開催することにした。世界中の研究者がプログラムしたアルゴリズムを参加させ、最後に一つが勝ち残るまで論理の予選を戦わせた。

プログラムの多くは非常に複雑だったが、ふたを開けたら優勝者は、中でも一番単純なものだった。「しっぺ返し」と呼ばれるその論理は無敵だった。最初は協調的、それから、続くラウンドでは、何であれ前のラウンドで相手がやったことをやり返す。これが興味深いのは、利己的な行動が報酬を得ることで知られるゲームで、優勝した戦略は友好的にふるまい、相手が協調しないときだけ相手を懲らしめるものだったことだ。

アクセルロッドは翌年再びトーナメントを開き、しっぺ返しがまた優勝した。そしてその翌年も。やがて、複数のプログラムが互いを認識し、自己を犠牲にして総合的な唯一の勝者を応援するようにあらかじめプログラムされた、ある意味でゲームのルールを覆すものが参入するまで、しっぺ返しは勝ち続けた。

考えてみれば、しっぺ返しは理にかなっている。これは「目には目を」の囚人のジレンマ版、あるいはもっと前向きに言えば、黄金律（他人にしてほしいことを他人になせ）だ。みんながいつでも協調すれば、平穏かもしれないが、きわめて不安定だ。いつ何時、ふらりとやってきた誰かにつけ込まれるかもしれない。かといって、誰もが常に裏切れば、誰も何も得られない。安定はその中間のどこかにある。

トーナメントでの最高の戦略を検討したアクセルロッドは、成功の主な四つの予兆を見つけた。（1）その戦略は友好的でなければならない。相手がだますまでだまさない。（2）相手がだましてきたら、その戦略は報復しなければならない。さもなければ簡単にやられてしまう。(3) しかし寛容でなければならない。その戦略は根に持つことなく、報復したあとはまた友好的な状態に戻る。(4) その戦略は、直感に反して、周到であってはならない。どのラウンドでも相手より多くの得点を稼いではならない。この最後の条件は、一回かぎりの囚人のジレンマとくり返し型との本質的な違いを説明する。一回しか交流がないのなら、最善の戦略は相手を裏切ることだ。しかし長期的には、友好的にふるまうのがもっともよいのだ。

最大の利益を得るもの

ヒトや動物の行動でこの結果を容易に一般化できることにアクセルロッドは気づき、それについての本を著した。『つきあい方の科学』は、共同営業のような友好的な戦略が、いかにしてしばしば長期的には成功するかを説明し、そのような行動が自然選択を通じてどのように進化したと考えられるかの証拠を挙げる。善行の主が心の広さから動いていようがそうでなかろうが、彼らが友好的なのは、突き詰めればそれによって何かを得るためなのだとアクセルロッドは主張した。

善行の見返りをまったく期待していなくても、これはたしかだ。このように考えてみよう。あらゆる交流において友好的であることのコストは小さいが、誰かを怒らせたときのコストは大きいかもしれない。だから理論的には、たとえ親切の九〇パーセントに直接の見返りがなくても、それは十分すぎるほど埋め合わされるのだ。

この論理の筋道を延長すれば、なぜヒトやその他の社会性の動物が、一般に他者に対して親切なのか、なぜ私たちは暴力に嫌悪感を持つのか、なぜ私たちは協同するのかというような質問すべてに答えることができる。つけこもうとする者たちは常にいるだろう――裏切り者のいないお人好しの集団は付け入るすきを与え、不安定なものになる――が、一般に、親切は報われる。私たちがあまり友好的でなければ、結果として無秩序を招くだろう。しかし明るい面ばかりではない。私たちが利己的な理由だけで協調するなら、本当のやさしさはそもそも存在するのだろうか？　本物の慈善などというものはあるのか？　科学的には、利他主義を証明することは不可能に近く、またこの概念については盛んに議論されている。倫理学者は、人間の善行はすべて自発的なものかもしれないという考えにうんざりしている。しかし動物の研究者は、この見方をすぐに受け入れる傾向にあり、利他主義を示すどのようなものも、進化的な利益として片づけている。

そこで再びオーストラリアムシクイだ。その共同営巣の習性は、他の一見親切な行為に見えるものと共に、よく動物界の利他主義の例として引きあいに出される。だが鳥の世界は実はそのように動いているのではない。他の鳥がひなに餌を与えるのを手伝う鳥は、突き詰めれば利己的な理由でそうしているにちがいない。最終的には、自分の生存のために有利でなければならないのだ。

モーニントンでの研究で、血縁関係のないヘルパーは、よいなわばりを受け継げるかもしれないことを動機としているらしいことがわかった。川沿いの生息地の供給は限られており、ほとんどすべてが優位な大人のオーストラリアムシクイに占有されていたからだ。すでに占有された場所に入れてもらい、先住者が死ぬか立ち去るまでその子育てを手伝うという家賃を払わなければ、若い鳥は自分の場所を開拓できないこともある。これは双方に有利な協定だ。成鳥はひなに餌を与えるのに手伝いが得られ、ヘルパーはいいすみかを引き継ぐ機会を得られるからだ。

ヘルパーがいるホオグロオーストラリアムシクイの巣は多産だということは、驚くにあたらない。ところが、近縁種のルリオーストラリアムシクイ（同様のヘルパー制度を利用する）では、手伝いがひなの健康につながると、研究者は証明できずにいる。研究を重ねても、ヘルパーがいる巣といない巣で巣立ちの成功率に差は見られない。科学者たちは頭を抱えて、データに間違いがないかといぶかるしかなかった。ヘルパーが営巣の成功率を上げないのなら、なぜ優位な大人のオーストラリアムシクイは若い鳥をなわばりに居座らせておくのか？

ルリオーストラリアムシクイの社会制度は、ホオグロオーストラリアムシクイとは違っている。オスは花びらをむしってメスに見せびらかすという求愛行動を取り、そしてメスはしばしば夜明け前に、ほかのオスと交尾するためにこっそり出ていく。乱交が蔓延しているということは、ホオグロオーストラリアムシクイの父親とは違って、ルリオーストラリアムシクイのオスは自分の巣のひなと血縁関係がないことがままあるということであり、それはヘルパーも同じだ（たまにあることだが、ヘルパーがメスとこっそり交尾していた場合を除いて）。こうした奔放な生活を見ると、ルリオーストラリアムシクイが共同営巣する動機は何だろうかと不思議に思えてくる。たぶんヘルパーは、家族を守るためではなくなわばりを継承するためだけにやっているのだろう。しかし彼らはそもそも本当に助けているのだろうか？

イギリス人のアンドリュー・ラッセル率いる研究チームが、二〇〇七年に若いルリオーストラリアムシクイの巣立ちの成功率をヘルパーがいる巣といない巣で比較したとき、測定できる差はなかった。ヘルパーがいる巣のひなは、平均一九パーセント余分に餌を与えられていたにもかかわらず、少しも健康ではなかったのだ。以前の研究でも同じ結論が出ていた。ラッセルにはこの結果が理解できなかったが、彼には持論があった。ひなが特別な世話から利益を得ていないとすれば、たぶんその母親が得ているのだろう。

ラッセルはさまざまな巣の中にある卵を注意深く計測し、ヘルパーがいる巣では、成鳥二羽だけで世話をしている巣に比べて卵が五パーセント以上小さいことに気づいた。小さな卵は中身の卵黄と栄養分も小さい。メスが子育てにあたって頼れる家族が多いとき、卵に注ぐエネルギーは少なくなるようだ。孵化したとき、このようなひなは弱々しく体重も少ない。だが、多くの鳥が余分に餌を運んでくるので、痩せたひなは早く成長し、巣立つころには二羽の親の元で育った普通のひなに追いつくのだ。

それからラッセルは、注意深く母鳥の長期的な生存率を調べた。ルリオーストラリアムシクイのメスの成鳥で、一羽のオスだけと暮らしているものは、一年以内に三羽に一羽が死亡する可能性があった。ところがヘルパーがいるメスは、その確率が五羽に一羽にまで低下した。ラッセルが出した結論は『サイエンス』誌の表紙を飾った。ルリオーストラリアムシクイでは、共同営巣は実は子どもを助けているのではない。母親こそがすべての利益を得ているのだ。

協調行動と進化

一九八〇年代、数学専攻の大学院生だったマルティン・ノバックはロバート・アクセルロッドによる名高い囚人のジレンマ研究に魅せられて、それを論文のテーマに選んだ。ノバックはしっぺ返し戦略を破りたいと思った。ただ一つの不変のアルゴリズムを作る代わりに、勝てる戦略を数世代にわたる繁殖によって有機的に成長させることができたらどうだろうか？

ノバックは、博士過程指導教官のカール・ジークムント——数学的ゲーム理論を初めて進化論に応用した人物の一人——と共に、それぞれに異なるランダムな協調の初期戦略を持った生物の集団をモデル化した。それからその生物を、アクセルロッドのトーナメントのラウンドをまねて、囚人のジレンマ状況で時間をかけて交流させた。それぞれの生物は常に前のラウンドを覚えている。しかしノバックはいくつか新しいルールを加えた。あらゆる動物集団に予想されるような、戦略の変異を導入したのだ。彼はまた、たまに強制的に間違いを起こさせ、各戦略が裏切るつもりのときに協調し、またはその逆をすることがあるようにした。最後に、彼は選択をモデル化した。成功した戦略は繁殖し、成功しなかったものは死に絶えるようにしたのだ。

当初、交流の歴史がないうちは、裏切り者が優位に立った。しかしほんの二、三世代で、しっぺ返し戦略が突然裏切り者を打ち負かした。それからしっぺ返し戦略が数十世代優位を保ったが、思いがけないことにそれは、次第に変異を起こしたものに取って代わられはじめた。ノバックが「赦しをともなうしっぺ返し」と呼ぶもの——相手の行動をまねるが、ときどき相手が裏切っても協調する戦略——だ。赦しは単純な報復より多く得点する傾向にあり、群れは友好的な戦略に向かって進み、モデルの始まりとはまったく対照的に、ほとんどすべての個体がいつも協調するまでになった。この時点で、事態は非常に不安定になり、いくつかの変異体が裏切りを好む個体を生み出すと、協調者は追い抜かれて循環は元に戻った。

ノバックの効果は、評判という要素を加えるといっそう目覚ましいものになった。行動は、自分の過去だけでなく他者の過去まで計算に入れることができるようになった。集団は協調する傾向に向かった。好意にもっとも応えてくれそうなものに友好的にふるまうことは報われるからだ。それがある臨界点に達すると、少数の非協調的な戦略がまた優勢になり、循環が最初から始まったが、今度は違う展開があった。ときどき、本当に協調的な個体の集団が現れて、主に互いに交流することで、それは外部でどれほどの裏切りがあっても倒されることはなかった。

ノバックのモデルは、成功する戦略は状況によって異なることを証明した。いつも友好的でいられる者はいない。しかしそれは、無味乾燥な乱数から協調が発生する興味深い様子を示し、協調行動は有利であるだけでなく、おそらく進化の一部であることを示唆したのだ。

複雑な社会は協調なくして機能できない。誰も協力しなければ、私たちはみんな、今もスープの中を泳ぐ単細胞生物だ——単細胞の粘菌でさえも社会的行動を取れることを心に留めておこう。ある時点で、二つの細胞が自己の自由を少しずつ犠牲にして、より秩序だったものを形成するためにまとまらなければならなかったのだ。

どこに目を向けても、ノバックには協調の事例が見えた。彼は言語の進化を掘り下げた。それは協調する人間の集まりとしてとらえられた。彼は癌の数学に関心を向けた。それは協調しない細胞の集まりに見えたのだ。考えれば考えるほど、協調は単なる気分のいい行動ではないことを確信した。それは生命そのものにとって欠くことのできないものにちがいないのだ。ノバックの著書『スーパーコオペレーターズ』は、協調は突然変異と自然選択に次ぐ、進化の第三の教義として考えるべきだと主張している。そしてそれだけではない。ノバックは、私たち全員が未来の子孫を相手にした、一つの大きな戦略ゲームに参加しており、子孫と協調しようとしなければ、彼らの住む世界は小さくなるだろうと信じている。ゲームの終わりがどうなるか、はっきりした答えを出せるモデルはない。

モーニントンの目もくらむ午後が穏やかな晩へと溶けていくころ、私はビーチチェアとフィールドノートと双眼鏡を持って、土の坂道を下っていった。日没が近いというのに気温は三八℃近く、私がワラビーと幹が太鼓腹のように太ったバオバブの木をよけながら進むあいだも、熱気は目に見えない波のように地面から立ち上っていた。私はオーストラリアの赤い砂塵に驚いた。それはやがて、私の靴の隙間という隙間に詰まってしまった。私の好きなホオグロオーストラリアムシクイのつがいは、研究所から未舗装路を八〇〇メートルほど歩いたところに棲んでいた。

巣につくとすぐ、私は椅子を草深い土手に据えた。鳥の習性を妨げない距離からよく観察できる場所だ。このときにはもう私に慣れていたが、私は彼らの場所を尊重した。その晩私は、オーストラリアムシクイの協力についての知識が、ほんのわずかでも増えることを期待していた。

巣の観察は、それぞれの鳥がどれくらいの労力をひなに注いでいるかを、正確に測定するのに役立つ。ここの集団には四羽の鳥がいて、すべて生後五日のひな数羽がいる巣の世話をしている。大人のオス一羽――紫色の頭部から明らかだ――と大人のメス一羽、それと若いヘルパーが二羽だ。メスとヘルパーは遠くからでは見分けにくいので、固有の色のついた脚輪に頼るしかないが、それはオーストラリアムシクイが巣の出入り口を素早く出入りしているときには見づらいことがあった。

巣の観察はテレビを観るよりはるかにおもしろい。一時間足らずのあいだに、私の記録用紙は、それぞれが短い間隔で虫を運んでくる四羽の鳥すべての訪問がびっしりと書きこまれた。二羽の成鳥は若い二羽よりも訪問の頻度が高かったが、怠けものは一羽もいなかった。なぜ若いヘルパーは責任のない巣の世話をすることにしたのだろうかと、私はずっと考え続けていた。

見れば見るほど、その集団が個体の集まりではなく一つの家族のように私には思えてきた。彼らが利己的で計算高い鳥で、異なる戦略で相手を出し抜こうとしているとは考えられなかった。それどころか、鳥たちは一緒に子育てをしているだけではなかった。何もかも一団となってやっていたのだ。食べるときも、眠るときも、なわばりの境界をうろつくときも、四羽のメンバーはすべて数メートル以上離れることはめったになかった。侵入者が現れれば、団結して声をあげて防衛する。ときどき、二羽が枝の上でにじり寄って——たいてい優位なオスとメスだが、そうでないこともある——互いにやさしく羽づくろいをする。オスとメスはよくデュエットでさえずる。鳥のあいだでは共同営巣と同じくらい珍しい行動だ。

一番近くの隣人が一五〇キロ近く先であることを思うと、集団の一員であるのも悪くないと私は思った。利益を測定するのは難しいかもしれないが、集団生活はある程度の満足、帰属感、目的意識を成員に与えているにちがいない。その代わり、それぞれの鳥は自由を少し犠牲にしなければならない。かつて二個の単細胞生物がもっと複雑なものになるためにそうしたように。巣の仕事のような雑用を手伝うことは、取引の一部だ。見返りが欲しければ投資が必要なのだ。

喜びを感じて

利他主義という名のコップには、中身がまだ半分あるのかもしれないし、もう半分しかないのかもしれない。科学者と哲学者は片方だけを取りあげがちで、そしてどちらも間違っていないのだが、どちらにつくかはその人の世界観次第だ。

とりあえず利他主義の定義は簡単だ。しかし純粋なものなど実際に存在するのだろうか？　科学にとって、完全に利他的であると証明できる善行はない。隠れた利益がある可能性が常に存在するからだ。魔法の実在を立証したり否定したりしようとするようなものだ。実のところそれは、個人の哲学の問題なのだ。

楽天主義者は慈善行為を、人間の利他性の輝かしい例として挙げる。彼らはこう主張する。慈善団体に寄附する人はみな、見返りを期待しようがない――そうした団体が利益を与えるのは、当然、代償を払えない人だけだからだ。慈善家は無条件で寄附をするので、彼らはその定義に当てはまっているように見える。

しかしここで「もう半分しかない」派の登場だ。彼らは言う。まず第一に、慈善事業に寄附をする人たちのほとんどは、懐が痛まない範囲でそうしているのだ。たとえばビル・ゲイツは資産の九五パーセントを寄附した――立派な行為だ――が、手元にどれだけ残ったかというと、おやおや、銀行にまだ二、三〇億ドル入っている。代わりにフェラーリの大軍を買うことだってできたが、それはビル・ゲイツという人の最終的な生存や地位に何の違いももたらさなかっただろう。彼はすでに財をなしており、だから寄附をする余裕もあるのだ。

そして慈善事業に寄附をする人々は、通貨よりも強い利益を受け取るかもしれない。彼らの友人がそのことを耳にするだろう。評判の力は強大だ。マルティン・ノバックのモデルが証明するように、見知らぬ人と協調するかしないかという基本的な決定にまで、それは影響しうる。評判は自分の交友範囲を超えて広まり、死後も残る。人はたいてい生きた証を残したがるものなのだ。

匿名の寄附でさえも本当の意味で利他的ではないのかもしれない。名も知らぬ篤志家集団が最近、ミシガン州カラマズーの高校を今後卒業する生徒全員の大学の学費を、負担することにした。この上なく利他的であることに間違いない——生徒たちは、ただで大学に行かれることについて、誰に礼を言ったらいいのかさえわからないのだから。しかし、このような約束が市に与える経済的影響（それは必然的に偉大な市民たちにも波及するだろう）は別にしても、この寄附者たちはもっと微妙で直接的な利益を当てにできる。個人的な満足だ。

この温かくぼんやりとした気持ちを軽視してはならない。贈与とそれがヒトの脳に与える影響に関する最近の研究で、慈善のための資金をどこに振り向けるか匿名で決定している被験者を分析した。人間が寄附することを決意すると、中脳辺縁系神経路——食べ物や麻薬のような強烈な喜びと関係する脳の部位——がCTスキャンで光って見え、気前よくふるまうことが私たちを原始的なレベルで満足させることを示した。別の研究の参加者は、その日のうちに自分のために使うか贈り物を買うようにと、五ドルを渡された。すると他人のためにプレゼントを買った人は、その現金を自分のために使った人よりも、明らかに幸せな気分になったと報告した。幸せは金で買うことが*できる*ことがわかった。ただしそれを人に与えることでのみ。

満足は利益なので、これは厳密には利他主義の定義に反する。だが議論は奇妙な循環をしているように見えてきた。利他主義は存在しない、なぜならそれは人を幸せにするからだ。

もちろんそれは人を幸せにする。過酷なオーストラリア奥地でホオグロオーストラリアムシクイたちのあいだにくり広げられる物語を、私は観察した。余分な餌を巣に運ぶにしろ、枝で寄り添って羽づくろいをするにしろ、建設的な交流のたびに彼らはたぶん、わずかな喜びを感じているのだろう。ヘルパーは自分の遺伝子を次世代に伝えたり、よりよいなわばりを継承したりするかもしれないが、そうした個別の利益は、日々の行動というもっと大きなシステムの一部なのだ。オーストラリアムシクイは、ちょうど私たちのような、社会的動物だ。その脳はたぶん、私たちのものと同じように、いいことをするたびに喜びで光るのだろう。

燃える建物に飛び込んで子どもを助けるような、きわめて英雄的な行動を取ったことのある人々は、勇気を誇示したいという衝動ではなく義務感を感じたと決まって言う。他人を救うために自分の命を危険にさらすような決断は、どんなものであれ完全に自発的で無私だが、そのようなことをする人は、その決断がより大きな規範にもとづくことなど思いもしない。利他主義が存在しないと思うことは、英雄もいないと――命を救うことで得られる利己的な報酬は、命そのものより確実に大きいのだと――信じることだ。

定量化への執着があるので、科学が利他主義論争を解明することは決してないだろう――特に動物については。この点について、ヒトが動物と違っていなければならない特別な理由はない。私たちは、オーストラリアムシクイやその他の社会的動物と同じくらいに（より多くはないにしても）、互いに絆を結ぶ能力を持つ。報酬と満足は誰にでもあるものだが、それを測定するのは困難だ。

荒野で一千時間近くオーストラリアムシクイを観察して過ごすうちに、私は確信するようになった。オーストラリアムシクイの協同がただのゲームなのだとしても、少なくともそのゲームを鳥たちがするのは、当座の満足感を得られるからなのだ。オーストラリアムシクイの利他的行動は、進化の要請と同じくらいに、生きるための決まり全体を反映したもののように思える。オーストラリアムシクイが親切にふるまうのは、そういう鳥だからであり、それで万事うまく行っている。数学理論から、その親切な行動は冷徹なまでに計算ずくだと結論づけられるかもしれないが、この評価は、この鳥が互いの愛情など一切なしに行動するのだと言うのと同時に、私たち自身が持つそのような価値観を鳥に投影することになるのだ。そしてこの論争は根本的な部分を見落としている。確かに、本当の利他主義がこの世にあるのかないのか、決してわかることはない。だが、それ以外の選択には夢も希望もないことを考えたら、オーストラリアムシクイにならって、それがあるかのようにふるまったほうが利口なのではないだろうか。

アホウドリの愛は本物か

アホウドリのロマンティックな生活は、ある種圧倒的なロマンス、すべての地平が無限の宇宙へと開け、時間と空間さえあれば何でもできるような夢見る感覚だ。アホウドリは無窮の近くに存在する。だから、風の吹く日、陸地から遠く離れて、たまたまその姿を見ていた人が、これが地上のものであることを忘れても、正気を疑われはしないだろう。一八〇センチの翼を広げ、そよ風に背を押され、平凡な生活の最後の残りかすをあとに空を漂うのはどんな気分だろうか。

アホウドリにはスピリチュアルな何かがある。生涯の九五パーセントを外洋の上空で過ごすアホウドリは、われわれ人間とは——いや、地球上のほとんどの生き物とは——まったく異質の生活をしており、この鳥が同じ空気を呼吸していることさえ考えがたいほどだ。それがきっと、アホウドリの生活をロマンティックに見せているのだろう。離れ小島のアホウドリのコロニーを訪れた人たちが、虚をつかれて巡礼者のようにひざまずき、泣き崩れるところを私は見たことがある。スズメが同じ反応を引き起こすことはないだろう。

アホウドリについて言われていることは、たぶんどれも本当で、ほかにももっといろいろある。人間はいつも、アホウドリは途方もない距離を飛ぶのだろうとは思っていたが、どのくらいの距離を飛ぶのかは、一九八〇年代に科学者が個体にＧＰＳタグを取りつけるようになるまで想像もつかなかった。

その数字は驚異的だった。ハイガシラアホウドリは、南極大陸をぐるりと回って南極海全体を四十二日で周回したことが最近記録されている。さらに追い風に乗って東へと飛び続け、翌年には地球を何周かしている。熱帯太平洋の島々で営巣するコアホウドリは、腹を空かせたひなのおやつを獲ってくるだけのために、アラスカまでの三〇〇〇キロ以上を日常的に行き来する。ワタリアホウドリは、翼開長が飛ぶ鳥の中で最大――翼の端から端まで三メートル以上――で、一日に数百キロを飛行し、空の上で休みさえする。ときどき脳の半分を遮断して、時速六五キロで飛びながら眠ることを状況証拠が示している。肩関節を固定する特殊な腱を持つので、アホウドリは翼を伸ばしておくのにエネルギーを使わない。その安静時心拍数は、地上で座っているときよりも飛んでいるときのほうがたぶん低いだろう。ワタリアホウドリが一日のうち空で過ごす割合と、平均巡航速度と、平均寿命をかけ算すれば、一般的なワタリアホウドリの成鳥は、生涯に少なめに見積もっても六〇〇万キロ以上を旅する。月まで八往復する距離に相当し、地球上のどの動物よりも、人類がこれまでに作ったいかなる車よりも長い。まさしく「渡り」だ。

だが、漂泊の心を抱いた生活は、疲れた旅人なら誰もが認めるように、いつも傍目ほどにロマンティックとはかぎらない。常に空にいて、年に千数百キロを移動していれば、地に足をつけて日常的、現実的なロマンスの相手を見つけるのが難しくなる。すると論理的に考えれば、鳥類界のフーテン、アホウドリは、やむをえず愛の生活を犠牲にしているのだと思われるかもしれない。それが違うのだ。この世界を股にかける鳥は、夫婦が一生連れ添い、パートナーに対して驚くほど貞節をつくし、地球上の動物でもっとも熱烈な恋愛をしているかもしれないのだ。だからこそこの鳥は、すみからすみまで感情をとらえてはなさないのだ。真の献身とはどのようなものか見るためには、アホウドリとしばらく濃密に付き合う必要がある。

愛の定義

生物学者は愛についてあまり語らない——この語には意味が多すぎ、学者が使うには非科学的すぎる。動物の愛について議論するとき、彼らは一般に、感傷的な含みを持たない誘引力という意味で「つがい関係」や「一雌一雄関係」といった、もっと客観的な用語をよく用いる。物理的に愛を測定する方法はない。それが愛が神秘的で感情を喚起する理由の一つだ。

それでも、愛がどのように機能するか、特にヒトの場合には、いくらかわかっていることがある。二人の人間が愛しあうと、その脳は予想どおりの、どちらかと言えば平凡な活動をする。厳密には、心から愛するということはない。実際には、腹側被蓋野（ふくそくひがいや）と尾状核（びじょうかく）という、頭蓋の奥深くに位置し、飢えや渇きのような基本的な動因を処理している場所で愛するのだ。ある最近の研究で、自分が「誰かに夢中だ」と言う大学生の若者は、大量のドーパミンを分泌していることがわかった。脳がコカインに反応して放出するのと同じ化学物質だ（これがあの胸ときめく感覚を引き起こす）。どうりでおしどりカップルがいつも夢見ごこちなわけだ。彼らは天まで届くほどハイなのだ。

幸い、そうした初めの効果は永久には続かない。ドーパミンやその他恋愛感情に関係する化学物質——フェロモン、セロトニン、神経成長因子タンパク質など——の量は一年から三年で平常値まで低下するようだ。恋愛初期を過ぎると、関係は決まって落ち着く。必ずしも刺激がなくなってしまうわけではないが、脳は平静な状態に戻る。

化学物質の大量放出は、少なくともある程度は、多くの動物でも同じように起きるようだ。しかしそれだけですべて説明できるわけではない。愛は単にハイになるというだけのものではない。それだけだとしたら、私たちは次から次へと麻薬を求めて走り回っているだろう。多少の例外を除いて、愛は一般にそのように作用するものではない。ほとんどの人は、特定のパートナーにいつまでも寄り添い、長期にわたる関係に落ち着く。生物学者はこれを愛着で説明し、カップルが一緒にいるのは本質的には子どもが母親と一緒にいるのと同じ理由からだと理論化している。愛着は双方に利益を与える。当初の欲望は人間同士をくっつけ、そこで固定する。しかし愛着は欲望に比べて測定が難しい。それはあまり化学物質が作用した痕跡を残さず、予測が難しいからだ。

「正反対のものは引かれあう」ということわざは、こと人間関係においては事実ではない。たしかに私たちは、意識的に互いの遺伝子構造を知らなくても、免疫系のために対照的な遺伝子を持つ恋愛相手を求めることが多い。この傾向は他の脊椎動物でも確かめられており、子どもは病気への免疫を獲得しやすくなる。しかし一般的に言って、私たちが理想のパートナーとするのは、同じくらいの社会的地位、同じくらいの健康状態、同じくらいの年齢など、自分自身のイメージを持った異性だ。自分がパートナーと似ているほど、最初の熱愛期を過ぎてから、長期的な愛着を築きやすくなる。違いが大きいほど、時がたつにつれて亀裂も大きくなる。

私たちは本能的に、長期的な関係を持つのというのが、どのような感じのものかを知っている。しかし他の動物が同じように感じているかどうかは、なかなかわからない。アホウドリは、つがいになる可能性がある相手と出会ったとき、ハイになるのだろうか？　二十年後、同じパートナーと巣造りをしながら、その脳裏には何がよぎるのだろうか？　彼らは同じ愛の段階を経るのだろうか？　動物の感情表現は危ういほど擬人化に近いと唱える人がいるが、ペットを飼ったり、長期間特定の鳥を集中的に研究したりしたことのある者は誰でも、動物の気分がさまざまに変わることを証言できる。完全な愛も同じことではないのか？

個人的には、アホウドリは人間よりも強く愛を感じていると思うし、手に入る証拠はそれを裏付けていると考えられる。どのような種類の愛着を研究しても、常に人間はアホウドリにかなわない。

一雌一雄制の幻想

全世界に棲む五〇〇〇種の哺乳類の中で、社会的に一雌一雄と考えられるものは三パーセントしかいない。ヒト以外では、オオカミ、ビーバー、そして意外にも好色なプレーリーハタネズミがここに含まれる。しかし、すべての鳥類の少なくとも九〇パーセントは、生涯のある時点で特定のつがい相手を選ぶ（長期間のつがい関係を結ぶ動物はほかにも多少いる。たとえばヒトの肝臓の奥深くで特定の恋人と交尾する寄生虫がそうだ）。だが、鳥は一生添い遂げるのだとバラ色の結論に飛びつく読者がいるといけないので、それは見せかけだけのことだと言っておこう。

鳥の一雌一雄制は白黒のはっきりつく問題ではない。関係の戦略には全面的な献身から完全な乱婚まで大きな幅があり、ほとんどの鳥はその中間のどこかにいる。多くの鳥にとって貞節は便宜的な取り決めだ。ハチドリでは、関係は交尾のあいだだけ、おそらく数秒間しか続かない。それからメスは飛び去って、自分だけで巣を造りひなを育てる。一方オスは夏じゅう花の蜜を吸ってすごす。ほとんどの鳴禽はひと夏の恋を楽しみ、せいぜいひなを育てるあいだだけともに過ごし、それから別れる。これがうまく機能するのは、鳴禽があまり長生きではないからだ。パートナーが翌年には死んでしまうのなら、長期的な関係を誓っても意味はない。したがって、生涯添い遂げる鳥は、大型で長生きである傾向にある。ガン、ハクチョウ、ツル、オウム、ワシ、カモメ、ペンギン……そしてアホウドリも。

もっとも献身的な鳥のつがいでも、しばしば相手の目を盗んで浮気をする。生物学者は長年、二羽の鳥がつがいを作っていれば、それは一雌一雄——一羽のオス、一羽のメス、子どもたち——と定義できると考えていた。しかし現代のＤＮＡ鑑定は、それはまれであることを明らかにしている。ほとんどの鳥は確かに決まったつがいを作り、協力しあう。親が単独で子どもを育てるのは困難だからだ。しかし、その両親から生まれた子に、思いもよらない父親がいることがよくある。言いかえれば、母鳥はこっそり出かけては他のオスと手早く交尾を済ませてくるのだ。

一雌一雄とされている鳥の中には、特に交尾相手を選ばないものがいる。世界でもっとも尻軽な鳥は、トゲオヒメドリかもしれない。アメリカ東部の泥に覆われた沿岸湿地帯に棲息する小さく臆病な鳥だ。ある研究により、九五パーセントを超える巣で、卵が違う父親によって受精されていること、平均して一つの巣には二・五羽のオスのＤＮＡが含まれること、同じ巣にいる二羽のひなの父鳥が同じである確率はわずか二三パーセントであることがわかっている。それでも、この小さなスズメ目の鳥はつがいを作り、何ごともなかったかのようにまじめに子育てをする。不倫の証拠は卵のＤＮＡの違いだけだ。浮気性でこれに太刀打ちできる鳥はほとんどいない（ただしマダガスカルに棲むクロインコと、ルリオーストラリアムシクイはこれに迫る）が、ほぼすべての鳥が多くの異性と交尾する。鳥のカップルのあいだでは、貞操などという考えはおおむねロマンティックな錯覚だ。

メスの鳥が、貞節でいようという気もないというわけではない。本来一雌一雄であるはずの鳥の婚外交尾は、かなりの割合でメスの合意なく、放浪するオスによって強制されているらしい。いくつかの種のカモのメスが、放浪のオスの強引な誘いから逃れようとして溺れるところが、たまに観察されている。しかし多くのメスは、本命のパートナー以外のオスと交尾するために、時には隣のなわばりへ自分から進んでこっそり抜けだす。結果は同じことだ。父親は自分のではないひなを、そうとは知らずに育てることになるかもしれない。動物界における真実の愛の輝かしい手本と昔からされてきたハクチョウやハトでさえ、いつも貞節というわけではない。ただ、それらは乱交の等級では低いほうの端にいることが多い。厳密な一雌一雄制は高くつく。ひなが本当に自分のものであるように、ナゲキバトのオスはいつもメスの近くにいて、平和の鳥という評判とは裏腹に侵入者を容赦なく撃退しなければならない。

長年連れ添った鳥のつがいの離婚率——いずれか一方が死ぬ前につがいが別れる確率——からは得るものが大きい。離婚の割合は、一生添い遂げると言われる鳥のあいだでも大きく差がある。たとえばフラミンゴは誓約の維持がひどく苦手であり、九九パーセントの離婚率でトップに立つ。熱帯の鳥だけが恋の冒険家ではない。キングペンギンは同じように移り気で、離婚率は八〇パーセント近い（ペンギンのあいだでは異常に高い。一般にペンギンは何年も連れ添うものだ）。対照的に、離婚するハクチョウは五から一〇パーセントであり、ある種のワタリガラスの離婚率はさらに低い。

鳥の離婚は非常によく研究されており、なぜ二羽の鳥が一緒になり、数年間夫婦関係を持ち、その後別れるのかについては、競合する仮説がある。不一致仮説と呼ばれる理論は、ある個体同士は、他の個体とならうまくやっていけるかもしれないが、とにかく相性が悪いのだという主張だ。もう一つのよく知られた仮説は、中にはだらしない鳥がいて、どの鳥とつがいになっても実りがないのだというものだ。こうした自堕落な鳥の相手は、機会があればすぐに別れるようとするはずだ。

後者は少なくともいくつかの事例で当てはまっているようだ。ヨーロッパ産のアオガラのメスが、あるオスを捨てて社会的地位の高いオスに乗換えると、繁殖成功率がたいてい上がる。これは優秀なオスとそうでないものがいることを意味している（捨てられたオスは、したがって、繁殖成功率が低くなる）。しかし別れることは場合によって賭けでもある。当面の計画なしに急に離婚すれば、鳥は独身状態に戻ってしまい、新しい相手がなかなか見つからないかもしれないからだ。カモメについてのある研究では、離婚したメスの優に三分の一が、中にはその後十年生きたものもいるのに、二度と営巣しなかったことが明らかになった。つがいが別れるために戦わなければならないこともある。トウゾクカモメのメスは、理想のオスをめぐって容赦なく殺しあうことで知られる。攻撃されているパートナーを守るためにオスが介入しないのかと思うかもしれないが、オスはこの争いには加わらない。冷静かつ打算的に、強いメスが勝つことを知っているのだ。これは不思議なことだ。自分のパートナーを見殺しにして、妻殺しの犯人と何ごともなかったかのように幸せにつがいとなる愛とは何だろう？

最新の予測では、アメリカ人の新婚カップルの四〇パーセントは離婚に終わると見積もられている。そうするとわれわれ人間は、恋愛に関してナスカカツオドリとほぼ同じレベルということになる。この鳥は海鳥の一種で、何より巣の中のひなが必ずきょうだいを殺すことで知られている。どれほどのヒトのカップルが、片親のDNAしか持たない子どもを育てているかはわからないが、そういうことはある。鳥のように、私たちは社会的一夫一妻ではあるが、いつも貞節でいるとはかぎらない。

それではアホウドリはどうだろう？　私たち人間のようにアホウドリは長生きで、子どもを育てるために大変な努力をする。私たちとは違い、その離婚率はゼロに近い。おそらく鳥の中で最低だろう。ゼロパーセントだ。アホウドリの前では、私たちはまるで性に奔放なように見える。アホウドリはまた、つがい外父性——ひなの父親が違うこと——の率が比較的低い。ただしある研究では、ワタリアホウドリのひなの最大で五羽に一羽は父親とDNAが一致しないことがわかっている。こっそり行なわれる交尾行動は、長期的な関係にからめ取られたメスにとっての安全弁として機能し、近親交配を減らすのに役立つと、この研究に携わった学者は仮説を立てている。アホウドリにとって、離婚は有効な選択ではないのが普通だ。別れは数年のロスにつながる。この鳥がつがいの相手を選ぶには時間がかかるからだ。彼らは最初に正しい判断をしなければならないのだ。アホウドリはなにをするにも、慎重に行なっているのだ——特に愛にかかわることは。

放浪者の婚姻

アホウドリの生活は、すべてが忍耐だ。孵化したワタリアホウドリのひなは一羽きりでまる九カ月を巣の中で過ごし、きょうだいがいないので、そのあいだほとんど静かにまわりを眺めている。成長は遅い。母親も父親も働きもので留守がちだ。遠い海で餌を探しまわり、たまに巣に戻って慌ただしく食事をさせる。とうとうある日、若いアホウドリは準備ができたと判断すると、まだ試していない翼を広げて、誰に教えられることもなくするりと海に飛び立つ。そして南極海のもっとも吹きさらしの一帯を巡回しながら、それからの六年を単独で過ごす。驚いたことに、こうした生涯最初の数年間、この孤独な鳥はおそらく陸地に近づきもしないのだ。

六歳くらいになるとアホウドリは、つがいの相手を見つけるだけのために故郷の島に帰る。他の若いアホウドリたちも遠くからやって来て、あたりは突然活気づく。あまり社交の機会もなく何年も海上で過ごしてきた彼らは、硬い地面の上に集まり、踊りはじめる。

ワタリアホウドリの求愛ダンスは複雑で一度見たら忘れがたく、見る者を敬虔な気持ちにさせる。それはユーチューブの踊る鳥や、以前の章で触れたボーイズバンド好きなオウムとはまったく違う。二羽の鳥が向かいあい、距離が離れないように足を踏みならしながら前に後ろに動き、互いの反応をうかがい、くちばしを空に向ける。それから、同時にぞっとするような叫び声を上げると、アホウドリは幅三・五メートルの翼をいっぱいに広げて誇示し、主導権を握ろうとしつつ向かいあう。二羽はくちばしを触れあわせ、また頭をのけぞらせて、傍若無人に叫ぶ――実際、たいていは無人だ、というのは、この鳥の巣があるのは、へんぴで人の住めない限られた南の島だけだからだ。求愛ダンスは、互いの合図に鳥が社交ダンスのプロのように応えて、数分間続くこともある。

若いアホウドリは最初にダンスを始めるときに、本能的にどう動くかを知っているが、一つの動きから次の動きへの移行はぎこちない。アホウドリの世界でも、継続は力だ。非常に若い鳥は五、六羽の集団を作って、卒業記念ダンスパーティーでの高校生のように、内側を向いて毛むくじゃらの輪を作っている。彼らは互いをじっくりと見て互いの手順をまねることで、少しずつ自分のスタイルを改善していく。技術を磨いた鳥は、二、三羽の気に入ったダンス・パートナーに目をつけ、小グループでさらにしばらく過ごす。そして、やがてただ一羽に範囲を狭め、それがつがいの相手となる。そのころには、その特定の鳥とかなりの時間ダンスをして過ごしているので――申し分のないパートナーを選ぶのには数年かかることもある――つがいの動きの順序は恋人の指紋のように独特なものとなっている。アホウドリがどのようにダンスを行なうのかを正確に書き記そうとしたら、それぞれのつがいのダンスは少しずつ違っていて、しかし毎回同じ動きをしていることがわかるだろう。

生涯のパートナーと身を固めてしまうと、アホウドリがダンスする日数は少なくなる。相手への挨拶として手順の一部を行なうこともあるが、年月が経つにつれて、どちらもダンスに費やす時間が短くなり、子育ての時間が長くなる。関係を結んだとき、彼らは独身時代を終え、生涯の次の段階に進んだのだ。

海での青年期と、続くダンスの日々のあいだで初めて巣を造るまでに、ワタリアホウドリは十五歳になっているだろう。それ以後、アホウドリはたいてい一方が死ぬまでパートナーに貞節であり、その期間は五十年におよぶこともある（アホウドリが百歳に達することがあると信じる人もいるが、本当のところはわからない。それほどの長期間にわたって研究した者はいないからだ。記録にあるもっとも高齢の野生のアホウドリは、六十歳を過ぎてひなを育てたことが記録されている）。その年月をゆったりと、想像のつかない環境のペースで生きるのだ。アホウドリの生涯に、気を散らすものはほとんどない。だから一番大切なものに集中できるのだ――パートナーのような。

アホウドリは長続きする関係を築くが、相手と共に過ごす時間は限られている。アホウドリの営巣は多くても一年おきだ。ひなを育てる過程に非常に長い時間がかかるので、毎年の夏は無理なのだ。営巣しないとき、アホウドリは外洋をとてつもない長距離・広範囲にわたって巡回する。海では、つがいは一緒にはいない——あっという間に離されて見えなくなってしまうし、互いの居場所を見失わないようにするには大変なエネルギーが必要だ。だからどんなに献身的なつがいでも、一度に数カ月を単独で過ごすのを習慣にし、相手が何をしているかを知ることもない。

このような長い期間別れていたアホウドリのつがいが、落ちあう時期をどのようにして決めるのかはわかっていない。彼らは営巣が一年おきになることがあり、それが二年におよぶこともある。しかしいつも必ず、巣を造る島にほぼ同時に現れる。まるであらかじめ日にちを決めてあったかのように。最初に会うときは事務的だ。二羽とも健康なら、すぐに仕事に取りかかる。オスのアホウドリがたいてい巣材を集める。メスは内装を担当する。メスは卵を産むと、約一〇パーセント体重を失う——ワタリアホウドリの卵は長さ一〇センチで重さは五〇〇グラムに達する。オスは最初に一番長く抱卵する。そのあいだにメスは海へ行って失ったカロリーを補充し、それから卵が孵化するまで定期的に交代する。ひなが大きくなって飛び立つ日まで、両親はそろって餌を与える。

営巣行動には全部で約一年かかるが、親鳥はその期間のほとんどをやはり別々に過ごす。彼らは交尾し、一緒に巣造りをするために顔を合わせるが、そのシーズンが続けば、海に出る間隔はだんだん長くなる。卵が孵化するころには、交代のために相手を待たなければならない（一方のアホウドリが海で死んでしまい、残されたパートナーは無精卵を百八日抱き続けた末に、とうとう諦めたという事例がある）。しかしひなが自力で体温を維持できるようになると、親はそれぞれ自分の予定に従って行き来し、二羽が巣で会うことはめったになくなる。

一年の大半、アホウドリは完全に遠距離恋愛だ。あまりロマンティックには見えないかもしれない。だが、よく考えてみよう。アホウドリは生まれついての放浪者だ。ニワトリのように一つのところに居着くことはない。それでも彼らは海原と数十年の年月を越えて関係を保ち、不倫も離婚もほとんどない。連絡を取りあうための携帯電話もなく、一度に数カ月、海で孤独な生活を追い求める。パートナーが生きているかどうかさえ知らず、時が来たら絶海の孤島で再会することを願い、期待するだけだ。このような状態でやっていける人間は多くはないだろう。アホウドリのつがいは、ほとんど切れることのない絆を頼りに、時間と空間を超えて関係を保つのだ。彼らは何百万キロもの距離をひとり飛びながら、互いを愛しく思うのだろうか？　アホウドリの生き方について深く考えるほど、それはとてつもなくロマンティックなものに思えてくるのだ。

この鳥は明らかに、限られた時間をできるだけ巣で一緒に過ごす。眠るときはたいてい、一羽がもう一羽の胸に頭を心地よさそうにもたせかけている。つがいはいつも隣りあって休み、時には互いの頭の繊細な羽毛を、この上なく思いやり深い恋人がやさしく愛撫するように羽づくろいする。アホウドリの漆黒の目の奥底に見えるものは、報告する人によりさまざまだ——知恵、静けさ、野性、平和、忍耐。それはそれで結構だ。だが私に見えるすべては、愛だ。

永遠の絆

大半の人間はアホウドリを一羽も見ることなく生涯を送る。そのいい例がサミュエル・テイラー・コールリッジだ。一七九八年、コールリッジはそのもっとも有名な詩『老水夫行』を執筆し、災厄のしるしとしてアホウドリの観念を世に広めた——詩の中での災いは、アホウドリを殺したことで起きるのだが。コールリッジはアホウドリを見たことがなかった。水夫の話から物語を創りあげたのであって、この世を去るまで自分が有名にした鳥を、一度もまじまじと見ることはなかったのだ。

アホウドリは人間の通常の生活圏からはるか遠くに棲んでいるので、出会うためにはぬるま湯のような日常から抜け出さねばならない——はるか彼方へ。巣にいるところを間近に見るには、長い旅が必要だ。最近では幸いなことに、それは十八世紀よりもいくらか簡単になっている。

そのようなわけで私は、南米最南端のわずかに北東に位置するフォークランド諸島へと向かう船の上にいた。フィンランドで建造され、ロシアが運用していた調査船を、カナダの会社が企画した探検クルーズ用に転用したものだ。そこに、専属の鳥類学者として乗り組んだ私は、アルゼンチンからドレーク海峡を通って南極まで連続で三往復した。フォークランドはすぐ近くにあり独特の野生動物が見られるので、よく南極旅行のコースに含まれている。

この島には世界最大級のアホウドリの個体群二つのうち一つがある（もう一つは熱帯太平洋のミッドウェイ環礁にある）。一〇〇万羽近いマユグロアホウドリが、フォークランド諸島で毎年営巣する。大部分はわずか二、三の過密なコロニーに集中している。遠目にこのコロニーは、厳しいが色彩豊かな景観に塩と胡椒をこぼしたように見える。島に木は自生していないので、アホウドリが巣を造るのは、むき出しの岩の上だ。崖っぷちに近く、たいていは胸の高さのタソックグラス（タワシのように丸まった草）と黄色い花の咲くハリエニシダが覆う緑の斜面に囲まれている。牧羊業者が土地を大部分所有しているが、鳥のコロニーを柵で囲って極力邪魔をしないようにし、クルーズ船の客の訪問を促している。それは地域の主要な収入源なのだ。天候は気まぐれなことでよく知られている。夏であっても、穏やかな期間は強風でひんぱんに断ち切られる。突風は人間をタンブルウィードのように吹き飛ばすほど強烈だが、アホウドリはそんな嵐に向かってまっすぐに突っこんでいく。アホウドリをひるませるにはハリケーンでも無力だ。

諸島の西のはずれに向かって六キロの長さに伸びる岩と植物からなる島、ウェストポイント島へと船が速度を落としたとき、悪天候のきざしは見えなかった。代わりに、めったに出ない日射しが、目を見張るような風景いっぱいに輝いていた。きびきびした白黒のマゼランペンギンの小さな群れが水面下を勢いよく泳ぎ、固有種のフナガモが海岸の岩場をのんびりぶらついている。このずんぐりとした飛べない水鳥は、あわてふためくと外輪船のように翼をぐるぐる回して逃げることから、舟鴨と名づけられた。アホウドリのコロニーへハイキングをする客を運ぶために、ゾディアックのゴムボートが甲板からクレーンで吊りあげられた。

ウェストポイント島には十九世紀なかばから牧羊農家が入植しており、その地面は大部分が放牧のために平らになっている。私は、島の反対側の、吹きさらしの海岸に向けて、等高線に沿ってゆるやかに続く草むしたランドローバーのタイヤの痕をたどっていった。赤い胸のオナガマキバドリのセレナードを聴きながら、フォークランドカラカラを警戒する。この猛禽のような鳥は、ペンギンのひなを食うことと、時に人間の帽子を盗むことを非常に好む。一キロ半ほどのんびり歩くと、急にタイヤの痕がとぎれた。なぜかわかった。そこから先はどこにも行かれないからだ。

島の西側では、高さ三三〇メートルの切り立った岩壁が、荒れ狂う海に切れ落ちていた。見下ろすと、青い海を背景にアホウドリが眼下を滑空しているのが見えた。頭上にも、左右にも、そして足元にも何万というアホウドリがいた。ほとんどの島は、岩ばかりで草も生えない斜面にぎゅうぎゅう詰めになって営巣していたが、中には柵で囲われたタソックの区画に陣取ったものもいた。しばらく立ち止まって景色を眺めてから、私はタイヤ痕をあとにして歩き出し、深い草むらの向こうで二羽のアホウドリが交尾しているのを見つけた。たった五〇センチほどしか離れていないのに、二羽は私を気にしてやめることはなかった。私はあっけにとられてそこに立っていた。そして、一羽がもう一羽の背中で慎重にバランスを取りながら、中断なしでまる五分間続けるのを観察した。間近で見ると、アホウドリは巨大だった。胴体はまるで詰め込みすぎの枕だ。頭は炭酸飲料の缶サイズだ。水かきのついた足は、指をいっぱいに開いた私の手くらいの大きさがある。その羽毛は、遠目には白い胴と黒い翼と地味に見えるが、近くで見ると目の上の黒い模様は表情をいぶかるように見せ、くちばしにはつや消しの黄色と赤の色調が混ざって、微妙な美しさがある。こんな夏の終わりに交尾してもあまり意味がない。卵を受精させるにはもう遅すぎるからだ。彼らは楽しみのためか、練習のためにしていたのではないかと私は思った。

あたり一帯で、アホウドリが巣の世話をしていた。大半の巣には、ひとりきりにするにはまだ小さなひながおり、親鳥の胸の下から様子をうかがっている。ひなに餌を与えている成鳥もいた。大きな頭を地面の高さにまで曲げて、海産物を濃縮した濃厚で高カロリーな胃油を吐き戻すと、ひなは旺盛な食欲でむさぼる。飢えとの競争はすでに始まっていた。一羽の成鳥が、干からびやせ衰えたひなの死骸を抱いていた。死んだ子を温めるのを諦めるまでにどれほどの時間がかかるのだろうと、私は思った。アホウドリは営巣に失敗すると、少なくとも一年か二年は再び営巣しようとしない。きっと忘れられないのだろう。

コロニーは活気に満ちていた。到着するアホウドリは、二・五メートルの翼を広げて（マユグロアホウドリは最小クラスのアホウドリで、ワタリアホウドリと比べるとはるかにこじんまりしている）、自分のなわばりの真上に来た瞬間に失速するように、巧みに風と駆け引きをする。時には判断を誤り、胴体着陸をすることもある。だから鳥が自分の頭上たった数センチのところを急降下してくるのにはひやひやした。時速五〇キロで飛んでくる重さ四キロのアホウドリの衝撃力を喰らったら、人間は失神してしまうだろう。一羽は切り裂いた風が頬に当たるのを感じるほど近くを通りすぎた。私は目を閉じ、王者の威厳を間近に感じていた。

アホウドリの巣に混じって、樽のような形をしたイワトビペンギンが岩の割れ目に群れ集まり、ロックスターのような髪型やタキシードのようなスタイルを見せびらかしていた。アホウドリとペンギンは、七千万年前の共通の先祖から進化したお互いをどう思っているのだろう。その長い年月に、アホウドリは長い翼を発達させて、世界最大の飛行動物となった。一方ペンギンは飛行能力を失い、代わりに泳ぐようになった。それでもアホウドリとペンギンは、同じ優しさの受容力が共通しているように思える。アホウドリのように、つがいになったペンギンは、身体に触れあいながら寄り添って立つのを好む。いくつかのつがいが、ごわごわした羽毛をやさしく羽づくろいしあうところを、私は見た。ペンギンとアホウドリは比べものにならないほど違うが、ほとんどの大型海鳥がそうであるように、類似の営巣手順を維持している。彼らの行動に人間の姿をかいま見るのは難しくなかった。鳥たちを見て私は、熱愛の時期を過ぎ、なお深い永遠の絆で結ばれた老夫婦を思い起こした。

そうした手順はどのように発達したのだろう？　本当のところはわからない。さまざまな生物がそれぞれの環境にうまく適応できる理由は、たいていダーウィンの自然選択説で説明できる——たとえば、なぜアホウドリは地球上で一番強く風が吹く場所で、あんなに長い翼を発達させたのかというようなことは。しかし、真の愛はどうだろう？　感情は化石になって残らないので、その歴史について物的証拠は少ない。

普通の人間の感覚では、ロマンティックな愛もやはり——アホウドリの翼のように——行為者に利益をもたらす生存メカニズムにすぎないのかもしれない。愛情が創りだす強い絆は、人間が子孫を残す上で役に立つ。私たちが恋に落ちないとすれば、子育てのあいだ一緒にいる動機は弱くなるだろう。ヒトの子どもは十数年にわたり監督、食事、指導、教育、総合的な支援を受ける。両親から受ける援助が多いほどいい。もし愛を完全に機械論的に見たければ、生存という観点で理解できる。

もし愛があらゆる身体的特徴と同じように進化したとすれば、それがヒトに特有である理由はない。私たちが愛しあうように作用したのと同じ圧力——長い平均余命、子どもへの大きな投資、両方の親が子どもを扶養する必要性——は、すべてアホウドリにも作用している。基本的な要求と機能において、ヒトもアホウドリもそう違わないのだ。

ウェストポイント島のコロニーのはずれで、一組のマユグロアホウドリに私は目を留めた。見たところ互いの存在に我を忘れて、喧噪のただ中で静かな時を過ごしているようだった。一羽は巣の上に鎮座し、ふわふわした胸の羽毛からは小さなひなの頭がちょこんと突き出ている――だらんと伸びきって眠っており、どうやら腹いっぱい食べたあとの昼寝のようだ。パートナーは、頭をやさしく寄せあえるように、脇に寄り添っている。一羽が呼吸すると、もう片方が身じろぎする。共に目をなかば閉じ、リラックスしきっていた。恋人同士が公園のベンチでもたれあい、海に沈む夕日を見つめているかのようだ。それは世界のひだに開いた針穴にすぎないが、しかし安心で、安全で、自分たちの居場所に満足している。その瞬間、他のことはどうでもよかった。

謝辞

二〇一一年の十一月に受け取った四文からなるEメールが、私の人生を変えた。それはリバーヘッド・ブックスの編集者、ローラ・パーチャセピからだった。「鳥の本のライターを探しています」とメールには書かれており、そこからこの企画が生まれた。ローラは鳥の行動についての楽しめる本を作るというアイディアを話し、それから驚いたことに、すべてを私に任せて、励ましとひらめきを与え、熟練した技術で編集作業を行ないながら、その後一年間、私にこのテーマを進めさせてくれた。すべては、ライターの候補者を検討するにあたって、ニューヨークにあるリバーヘッド・ブックスの編集部から何千キロも離れたところに住む二十六歳の鳥オタクに声を掛けた彼女のビジョン、信頼、やる気のおかげだ。この企画の最初から最後まで、惜しみなく援助と励ましを与えてくれたローラに心より感謝する。

また、ジェフ・クロスク、ケイト・スターク、ジーン・マーティン、ケイティ・フリーマンをはじめとするリバーヘッド・ブックスのみなさんにお礼を申し上げる。表紙デザインのヘレン・イェンタスとジャネット・ハンセンには特に感謝をしている。コピー・エディターのエイミー・ブロージー、コピー・チーフのリンダ・ローゼンバーグ、編集長のリサ・ダゴスティーノ、プロダクション・マネージャーのジョン・シャープ、エディトリアル・デザイナーのニコール・ラロッシュほか、私の著作を美しい本にしてくれたデザイン製作スタッフのみなさんにもお礼を申し上げたい。また私のエージェントであるスコービル・ゲーレン・ゴーシュ著作権エージェンシーのラッセル・ゲーレンにもお世話になった。私の著作の代理人を依頼しようとおずおずと連絡を取ると「あなたのことは遠くから、あなたが十二歳くらいのころから見守ってきた……これは運命だ」。私たちの関係が星に記されていたのなら、今こそ本にも記すときだ。これほど熟練し、気軽に頼め、個性的で、有能なエージェントは探しても見つからなかっただろう。またこの本は、アメリカン・バーディング協会の二人の権威、『バーディング』誌編集者のテッド・フロイドと、『バーディング』の「ニュースとメモ」担当編集者ポール・ヘスによる洞察と知識に富む詳細な批評に助けられている。テッドとポールは、ときにはぎりぎりのスケジュールで、快く初期の草稿に目を通してくれた。鳥類と文章の専門家という異色の組みあわせは、本書に少なからず貢献している。

本書には多くのすばらしい科学者の研究が反映されていて、その中には過去十年に世界中の野外研究で私を雇った研究者もいる。鳥類学者は奇妙な連中かもしれないが、最高に充実した人生の送り方を──多くは地球上のもっとも辺鄙で、壮大で、危険な場所で──知っており、こうした筋金入りの科学者たちは、私に鳥だけにとどまらないものをたくさん教えてくれた。出会った人々から受け取ったものすべてを、私は大切にしている。

最後に、私は両親に感謝する。その愛と援助のおかげで、私は自分の好きな鳥類研究の道に進むことができた。また、家族旅行が今ではどうしてもバードウォッチング休暇になってしまうという事実を受け入れてくれた。すべての親が、ジャーナリストの鋭い目で書物を批評し、夕食時にニワシドリの芸術について議論し、それから世界一おいしいチョコレートチップクッキーを焼けるわけではない。だから、母さん、父さん、クッキーと世界をありがとう。

後横ばいとなって減少し、今日では新婚カップルの約 40 パーセントが離婚に終わると予想されている。David Anderson はナスカカツオドリの離婚を研究し、年間 38 パーセントと報告している（"Serial Monogamy and Sex Ratio Bias in Nazca Boobies," 2007）。Pierre Jouventin et al. は、1999 年に *Animal Behavior* 誌でクローゼー諸島のワタリアホウドリの離婚率を 0.3 パーセントと報告している。Genevieve Jones は、ワタリアホウドリのつがい外父性率が 18 パーセントである（社会的一雌一雄と性的一雌一雄の違いを示している）ことを、2012 年に報告している。2006 年の遺伝子研究では、つがい外父性率 10 パーセントと推定されていた。わかっている最高齢のアホウドリは、ウィズダムという名のメスのコアホウドリだ。この鳥は、2013 年現在、62 歳でひなを育てている最中だ。John Cooper et al. は、回収した脚輪から少なくとも 50 歳と推定されるワタリアホウドリを報告し、野性での寿命を知るためには「人口統計学的研究をさらに数十年続ける必要がある」と強調した。Martin Gardner は *The Annotated Ancient Mariner* の中で、サミュエル・テイラー・コールリッジはアホウドリがどれほどの大きさかを知らなかったのではないかと指摘している。ばたばた羽ばたく翼長 360 センチ体重 10 キロの鳥は、水夫の首にまとわりつくというより地面をずるずる引きずってしまうだろう。隠喩をすべて文字どおり受け取ってはならない。

ッドが反復囚人のジレンマ・トーナメントを 1984 年の著書『つきあい方の科学』(邦訳は 1998 年、松田裕之訳、ミネルヴァ書房)で報告した。Stephen Majeski は、軍拡競争は囚人のジレンマであると 1984 年の論文 "Arms Races as Iterated Prisoner's Dilemma Games" で主張した。ルリオーストラリアムシクイの母親の投資に関するアンドリュー・ラッセルの 2007 年の論文は、"Reduced Egg Investment Can Conceal Helper Effects in Cooperatively Breeding Birds" と題されている。マルティン・ノバックの 2011 年の著書 *Super Cooperators* は、協調は進化の第 3 の教義と考えるべきだという著者の主張を解説している。慈善の神経科学は 2006 年 10 月 12 日付の『エコノミスト』の記事 "Altruism: The Joy of Giving" で報道された。ジョージタウン大学の哲学教授 Judith Lichtenberg は、2010 年 10 月 19 日の『ニューヨークタイムズ』オンライン版のオピニオン・ページに、"Is True Altruism Possible?" と題した洞察に富む評論を書いている。

アホウドリの愛は本物か

挿話は 2012 年、フォークランド諸島にあるカーカス島とウェストポイント島のマユグロアホウドリのコロニーより、私がワン・オーシャン・エクスペディションズ社の南極クルーズで船上鳥類学者として勤務したときのものだ。Carl Safina の本 *Eye of the Albatross* (2003) を私は心から推薦する。同書はアホウドリの視点から、その生活を真に迫った圧倒的な筆致で描いたものだ。ハイガシラアホウドリが南極を周回していることは、John Croxall et al. による 2005 年の『サイエンス』の論文に記録されている。恋愛に夢中な大学生の脳スキャンについては Andreas Bartels et al. (2001) が分析し、愛には 3 つの段階、肉欲、情熱、永続的な愛があると述べている。哺乳類と鳥類の社会的一雌一雄の割合は、John Alcock による教科書 *Animal Behavior* (ninth edition, 2009) に挙げられている。トゲオヒメドリの性的一雌一雄率は Chris Elphick et al. が 2009 年に測定した。鳥の離婚というテーマは Susan Milius が 1998 年の *Science News* の記事で探っている。ニュージーランドのアカハシギンカモメの離婚率は James Mills が研究している。Andre Dhondt と Frank Adriaensen はアオガラの離婚を "Causes and Effects of Divorce in the Blue Tit Parus caeruleus" (1994) で報告している。ヒトの離婚率は不毛な論争の元だが、全体的な傾向は明らかだ。アメリカ合衆国では、離婚率が 1950 年から 1980 年のあいだに 3 倍に増え、その

2010年に出版された。ジャレド・ダイアモンドは1982年に、ニワシドリと美意識の進化について『ネイチャー』で論文を執筆している。そのニワシドリの作風についての研究（審美眼の文化的伝達について結論づけている）は、1986年の論文“Animal Art: Variation in Bower Decorating Style Among Male Bowerbirds Amblyornis inornatus”で報告されている。オドアルド・ベッカーリの記述は、Samuel Lockwoodの*Readings in Natural History*（1888）の第2巻に収録されている“The Bower Birds-Avian Aethetics”より引用した。チンパンジーの絵についての物語は、Museum of Hoaxesのウェブ記事“Pierre Brassau, Monkey Artist, 1964”に詳しく記載されている。ニワシドリ類の分類ははっきりしていない。この鳥は、オーストラリアに棲む他の多くの鳥と同じように、カラス科の系統と考えられており、現在コトドリともっとも近縁であろうとされている（Charles G. Sibley et al., 1984）。Joah Maddenはニワシドリの脳の大きさを、2001年の論文“Sex, Bowers, and Brains”で記述している。

オーストラリアムシクイの利他的行動

オーストラリア北西部に位置し、Australian Wildlife Conservancyの所有である辺境のモーニントン自然保護区で、私は2010年に6カ月を過ごした。マックス・プランク鳥類学研究所の資金提供で、Michelle Hallのすぐれた指導のもと行なわれたホオグロオーストラリアムシクイの複数年研究の一環だった。この研究結果は2012年の論文、Sjouke Anne Kingma et al., “Multipule Benefits of Cooperative Breeding in Purple-Crowned Fairy-wrens”で発表された。リチャード・ドーキンスの1976年の名著『利己的な遺伝子』を私は強く薦める。この本は、利他主義が遺伝的遺産の増大の手段であるという主張を概説している。血縁選択という概念はダーウィンまで遡ることができる。最近では、J. B. S. Haldaneらがその効果を正確に計算しており、またE・O・ウィルソンのような作家兼科学者がわれわれ一般人に説明してくれている（1980年の『社会生物学』参照：邦訳は1999年、坂上昭一ほか訳、新思索社）。ゲーム理論は戦略研究であり、生物学とはまったく別物だが、非常に興味深い類似点がある。John Maynard Smithらの生物学者は、ゲーム理論を使って性比からなわばり習性、動物のコミュニケーション――さらには利他主義――に至るまで、私たちの進化に対する理解を深めてきた。数学者のMerrill FloodとMelvin Dresherが1950年に囚人のジレンマを最初に考案し、それから政治学者のロバート・アクセルロプ・ジュニアによるチンパンジーを使った先駆的なミラーテストは 1970 年に『サイエンス』の論文で発表された。自閉症、統合失調症、アルツハイマー病、脳損傷患者の自己認識の研究は、2002 年発行の The Cognitive Animal 所収の Gallup et al., "The Mirror Test" より要約した。Jens Asendorpf et al. が 1996 年に行なった研究は、ミラーテストにあたって子どもが他の子どもの行動に影響されるかもしれないことを示した。フィアネス・ゲージの話は、2010 年の『スミソニアン』誌の記事に記述があった。Michael Benton (1990) は、*Journal of Molecular Evolution* の論文で、鳥類と哺乳類の分岐に 3 億年という数字を挙げている。Robert Epstein et al. は、ハトを訓練してミラーテストに合格するようにし(自己認識の様子なしに)、その結果を 1981 年の『サイエンス』の論文で報告した。

ニワシドリの誘惑の美学

オーストラリア北西部のモーニントン自然保護区での 6 カ月にわたるフィールドワーク・シーズン(「オーストラリアムシクイの利他的行動」の章参照)に、私はオオニワシドリを観察した。おもちゃの兵隊を持ったオオニワシドリは Tim Laman が撮影し、Virginia Morell による 2010 年の『ナショナル・ジオグラフィック』のニワシドリ特集記事中に掲載された。オオニワシドリがカラフルな針金を盗む様子は、Natalie Doerr (2010) が研究、記述している。1976 年に『利己的な遺伝子』(2006 年増補新装版:日高敏隆、岸由二、羽田節子、垂水雄二訳、紀伊國屋書店)を著して多大な影響を与えたリチャード・ドーキンスは、1982 年に『延長された表現型——自然淘汰の単位としての遺伝子』(邦訳は 1987 年、日高敏隆、遠藤知二、遠藤彰訳、紀伊國屋書店)を発表した。ジョン・エンドラーの 2012 年の論文 "Bowerbirds, Art, and Aesthetics" は *Communicative and Integrative Biology* に発表された。エンドラーが指摘するように、Stanford Encyclopedia of Philosophy のウェブサイト (2012 年改訂) では、芸術の定義について有益で徹底した議論が行なわれている。ジョン・エンドラーらによるニワシドリの強化遠近法に関する 2010 年の論文は、*Current Biology* に掲載された。2012 年には Laura Kelly とジョン・エンドラーによって追跡研究が行なわれ("Male Great Bowerbirds Create Forced Perspective Illusions with Consistently Different Individual Quality")、この性質には個体差があるという結論に至っている。デニス・ダットンの著書 *The Art Instinct* は

Reber は、2010 年 4 月 19 日の『サイエンティフィック・アメリカン』の記事で、ヒトの脳の容量を 2.5 ペタバイトと推定している。『ワイアード』誌は John Timmer による 2011 年 2 月の記事で、1 人の人間の脳は世界中すべてのコンピューターを合わせた計算を行ないうると述べている——漠然としているが、興味深い主張だ。Martin Hilbert と Priscila Lopez は、ヒトの単一のDNAには 30 ゼタバイト（3 万エクサバイト）の情報が含まれていると『サイエンス』の論文で推定した。学生対ホシガラスの研究は、Richard Cannings が 2007 年の著書 *The Rockies: A Natural History* の中で触れている。海馬の体積と記憶の関係については、Cyma Van Petten の 2004 年の論文で論じられている。飼育下のシジュウカラ科の鳥では、海馬が 23 パーセント縮小することは、Tim DeVoogd と Bernard Tarr による 2009 年のコーネル大学の研究が示している。

鏡を見るカササギ

カササギのミラーテストは Helmut Prior et al. による 2008 年の論文 "Mirror-Induced Behavior in the Magpie (Pica pica) : Evidence of Self-Recognition" に報告されている。幼児によるミラーテストは Beulah Amsterdam による 2004 年の論文 "Mirror Self-Image Reactions Before Age Two" に記述がある。英名 magpie の歴史は Funk & Wagnalls Wildlife Encyclopedia (1974) に挙げられている。カササギに関する迷信は、2008 年の *BBC News Magazine* の Denise Winterman による記事 "Why Are Magpies so Often Hated?" で議論されている。Sang-im Lee et al. は 2003 年にミトコンドリアDNAデータからカササギの系統史を推論した。カササギが人間の顔を識別することを記述したイ・ウォンヨンらの論文は、*Animal Cognition* で 2011 年に発表された。*Manchester Evening News* 紙は 2006 年に、カササギが車のキーと工具を盗んだと報道した。2008 年には *Telegraph* 紙が、カササギが女性の婚約指輪を盗んだ事件を報じた。Marc Bekoff はカササギの葬儀について（動物の感情に関する他の事例と共に）2009 年の論文 "Animal Emotions, Wild Justice, and Why They Matter: Grieving Magpies, a Pissy Baboon, and Empathetic Elephants" で述べている。2012 年に『タイム』誌に掲載された Jeffrey Kluger の記事は、イルカやその他の動物の忠誠と友情を紹介した。ネズミの感情移入は Inbal Ben-Ami Bartal と共著者らによる『サイエンス』の論文に記述された。ゾウの哀悼の仕草は Karen McComb らによる *Biology Letters* 掲載の論文に記述されている。ゴードン・ギャラッ

Health Atlas、その他の団体が数えているが、総数は必然的に推定値である。アメリカの1人あたり食肉消費量はLivestock Marketing Information Centerが詳しく記録している。トルライフ・シェルデラップ＝エッベの1921年の論文は、Porter Perrin（1955年に「つつき順位」という用語を再評価した人物）によれば1927年に初めて英訳されたという。シェルデラップ＝エッベの研究には多くの人たち——たとえばPaul Ehrlich et al.による1988年のスタンフォード大学の小論“Dominance Hierarchies”——が言及している。Colin Allenは、2006年の書籍*Rational Animals?*の中の1章で、動物の推移的推論を綿密に検討している。Joseph Malkevitchはトーナメントのグラフ理論を“Who Won!”と題したアメリカ数学会向けの特集エッセイで取り扱っている。H・G・ランダウの法則は元々は1953年の記事“On Dominance Relations and the Structure of Animal Societies”の中で発表されたものである。ランドル・ワイズのニワトリ用の赤いコンタクトレンズは、1989年に『ロサンゼルスタイムズ』『ニューヨークタイムズ』の記事や、その他のメディアで報道された。

ホシガラスの驚異の記憶力

総計5000ページ近いルイスとクラークの日誌全文は、lewisandclarkjournals.unl.eduにアーカイブされている（2013年3月閲覧）。ルイスとクラークの装備品リストは『ナショナル・ジオグラフィック』のウェブサイトにある。H. E. HutchinsとR. M. Lanner（1982）はホシガラスが1シーズンに最大9万8000個の種を貯える（たいてい1つの貯蔵場所に数個ずつ）ことを記録している。ネルソン・デリスはCNN、フォックスニュース、『フォーブズ』、『ニューヨーカー』、その他のメディアに取りあげられた。ジョシュア・フォアはアメリカ記憶選手権に関する魅力的で非常におもしろい本『ごく平凡な記憶力の私が1年で全米記憶力チャンピオンになれた理由』（梶浦真美訳　エクスナレッジ　2011）を書いた。ヨハネス・マローの記録はWorld Memory Statisticsのウェブサイトに記載されている（world-memory-statistic.com 2013年3月閲覧）。貯蔵した種の回収についてのスティーブン・バンダー・ウォールによる5つの仮説は、1982年の論文“An Experimental Analysis of Cache Recovery in Clark's Nutcracker”で述べられている。バンダー・ウォールはさまざまな種の貯蔵行動について研究を続け、1990年には*Food Hoarding in Animals*という本を著し、現在はネバダ大学准教授である。ノースウェスタン大学の心理学教授Paul

スイスの神経科医 Edouard Claparede は 1911 年に記憶喪失の実験を行なった。ウズラの研究は “Mothers' Fear of Human Affects the Emotional Reactivity of Young in Domestic Japanese Quail”（Aline Bertin and Marie-Annick Richard-Yris, 2004）に記述されている。ニュージーランドのコマドリの研究は “Rat-Wise Robins Quickly Lose Fear of Rats When Introduced to a Rat-Free Island”（Ian Jamieson and Karin Ludwig, 2012）に記述されている。生理学者の Paul Ponganis は南極のケープ・ワシントンでコウテイペンギンの 500 メートルの潜水を測定した。ペンギンの恐怖が意味するものについては、ペンギン科学プロジェクトの研究にもとづいて、2011 年に Virginia Morell が『サイエンス』誌の “Why Penguins Are Afraid of the Dark” という記事にまとめている。

オウムとヒトの音楽への異常な愛情

アニルド・パテルは、2008 年 12 月 14 日と 2010 年 5 月 31 日の『ニューヨークタイムズ』記事で特集され、スノーボールの話は大手メディアに一通りあつかわれている。マイコドリについて私は、エクアドル東部のジャングルの奥地にあるティプティニ生物多様性研究所（マイコドリのダンス行動に注目した研究が行なわれている）で知った。パテルらの論文 “Spontaneous Motor Entrainment to Music in Multiple Vocal Mimicking Species” は、2009 年に *Current Biology* 誌に発表された。さらにパテルは *Music, Language, and the Brain* と題する難解な学術書を執筆し、音楽と言語は独立して存在するものではなく、一緒に研究されるべきであると主張している。スティーブン・ピンカーの「聴覚のチーズケーキ」仮説には批判が集中している。多くの進化生物学者は音楽を自然選択の観点から説明しているが、それがどう生存に有利なのかはまだはっきりしない――私たちに喜びを与えるという点以外には（最近この論争が再燃した際、Henkjan Honing は 2011 年の著書 *Musical Cognition* の中で音楽を「ゲーム」と呼んだ）。ヒトの音楽的な進化は複雑な問題だ。ここでの要点は、好奇心をかき立てること以外では、私たちの音楽と言語は、自分たちが気づいている以上にオウムやその他の動物とのあいだで共通であるかもしれないということだ。

ニワトリのつつき順位が崩れるとき

世界のニワトリの数は、国連食糧農業機関、Global Livestock Production and

Countries" で報告された。2007 年の研究は、Richard Wiseman が著書 *Quirkology* 執筆のために行なったものである。Gerald Mayr は 2004 年にドイツのハチドリの化石について『サイエンス』誌で述べている。

闘争か逃走か——ペンギンの憂鬱

挿話は、私が 2008 年から 2009 年のフィールドワーク・シーズンの3カ月間に参加した、ペンギン科学プロジェクトのものだ。このプロジェクトは、南極ロス島地域におけるオレゴン州立大学、PRBO保全科学（現在ではポイント・ブルー保全科学で知られる）、H・T・ハーベイ＆アソシエーツ、米国南極プログラム、アメリカ国立科学財団極地プログラム部の共同研究である。アプスレイ・チェリー＝ガラードの引用は、1922 年発表のすばらしい回想録『世界最悪の旅』より。チャールズ・ダーウィンのイグアナ投げ実験は 1839 年の著作『ビーグル号航海記』に詳述され、また David Quammen の洞察に富んだエッセイと 1988 年の著書 *The Flight of the Iguana* に影響を与えている。ガラパゴス国立公園の規則と寛容なガラパゴスの野生動物の行動は、2006 年にしばらくそこで暮らした私の経験を述べたものだ。逃走距離を恐怖の閾値の指標に使った研究の一例、また、動物の恐怖心と結びついた逃走距離のよいまとめとして、Theodore Stankowich と Daniel Blumstein による 2005 年の論文 "Tear in Animals: A Meta-analysis and Review of Risk Assessment" 参照。ヒョウアザラシの攻撃は、*National Geographic* 2003 年8月6日の James Owen によるニュース記事で報告されている。「思いやり・絆」理論はカリフォルニア大学のシェリー・テイラーが 2000 年に *Psychological Review* の記事で発表し、2002 年の著書『思いやりの本能が明日を救う』（邦訳は 2011 年、山田茂人監訳、二瓶社）で一般に知られるようになった。ロバート・プルチックは8冊の本と数百の論文を発表するなどすぐれた学問的業績を残し、2006 年に 78 歳で死去した。プルチックが 1980 年に考案した感情の色の環は現在も使われている。イワン・パブロフはイヌの唾液の実験で 1904 年にノーベル賞を受賞し、古典的条件づけ実験はその功績を称えてパブロフ型条件づけとも呼ばれる。アルバート坊やは今もよく知られているケーススタディだが、ジョン・ワトソンは結果を誇張していたと考える者もいる。たとえば Ben Harris による 1979 年の論評 "Whatever Happend to Little Albert?" 参照。恐怖の経路「低位の道」「高位の道」は、ヒトの脳についての一般向けの著作がいくつかある神経科学者ジョゼフ・ルドゥーの表現である。

—7R対立遺伝子とADHD（注意欠陥・多動性障害）との関連を調べた。2013 年に *The Journal of Neuroscience* に掲載された Deborah Grady et al. の論文は、それを長寿と関連づけた。複数の研究が、対立遺伝子と新奇探索傾向とを結びつけているが、この発見を疑問視するものもある。また、これがリスク引き受けにおよぼす影響を、Camelia Kuhnen と Joan Chiao の 2009 年の論文 "Genetic Determinants of Financial Risk Taking" が報告している。

闘うハチドリ

コスタリカのボスケ・デル・リオ・ティグレ・サンクチュアリーロッジのエリザベス・ジョーンズは、2011 年に私が滞在を楽しんだときと、その後のEメールでのインタビューで、ハチドリの問題について説明してくれた。Paul Kerlinger は最初にハチドリの重さと郵便料金のたとえを広めた。マメハチドリの重さは、2008 年刊行の *Encyclopedia of Ecology* の volume 1 に掲載された Felisa Smith の "Body Size, Energetics, and Evolution" より。Robert C. Lasiewki（1962）はノドアカハチドリの無着陸飛行範囲を、実験室で測定したカロリー消費を元に 26 時間 1000 キロと推定している。R. S. Miller と Clifton Lee Gass はハチドリの捕食と寿命を、1985 年の記事 "Survivorship in Hummingbirds: Is Predation Important?" で分析した。8 歳のフトオハチドリは William Calder と S. J. Miller によって 1983 年に記録された。12 年の最長寿記録は米国地質調査部パタクセント野生生物研究センター鳥類標識研究所のリストに掲載されている。コウモリハヤブサの食餌は 1950 年に William Beebe——20 世紀でもっとも華々しいナチュラリストの 1 人であり、2006 年にそれを題材にしたおもしろい伝記が出版された（1962 年没）——が発表している。ナノ・ドローンは『ロサンゼルスタイムズ』2011 年 2 月 17 日付に掲載された W. J. Hennigan の記事に記述がある。Robert C. Lasiewski と R. J. Lasiewski（1967）は、ルリノドシロメジリハチドリの最大心拍数が毎分 1260 回であることを計測した。シエラ・ネバダでのハチドリの研究は、Mark Hixon et al. によって 1983 年に報告された。10 億回ルールはきわめて一般化されたものだが、興味深い傾向を簡潔に述べている。Herbert Levine（1997）は身体サイズと心拍数には反比例関係があることを述べ、さまざまな種で「驚くほど一定して」生涯平均の心拍数が 10 億回であることを算出している。生活のペースは、Robert V. Levine と Ara Norenzayan による 1999 年の興味深い論文 "The Pace of Life in 31

ひなを持つシロフクロウが、他の動物と共に、フランス南西部のトロワ＝フレール洞窟の壁に描かれ、壁画の年代は紀元前1万3000年ごろと推定されている。イリノイのバードウォッチャー Rick Remington はシカゴのシロフクロウとハヤブサの遭遇を撮影した。1916年にワシントン州であった1000件のシロフクロウ目撃談は、2005年刊行の *Birds of Washington*（edited by Terence R. Wahl, Bill Twiet, and Steven G. Mlodinow）に挙げられている。スーパーフライトという語は、さまざまな種類にわたる冬のアトリ類の侵入を表現するために、鳥類学者の Carl Boch が初めて用いた。V・E・シェルフォードによる影響力の大きな1945年の論文は、タイトルを“The Relation of Snowy Owl Migration to the Abundance of Collared Lemmings”という。シロフクロウの侵入周期に関する研究は混沌としている。たとえば、Ian Newton（2002）は、北米東部における侵入の間隔を平均3.9年と報告している。しかし統計的分析から、Paul Kerlinger et al.（1985）は次のように結論している。「シロフクロウの侵入が3～4年周期で定期的に起きるという証拠は見いだせなかった」。同じ論文は、天候がシロフクロウの侵入の原因かもしれないと示唆している。他の仮説が侵入の発生をうまく説明あるいは予測できているとは思われないからだ。それから30年近くがたつが、この疑問の答えは見つからないままだ。アルバータ州におけるシロフクロウの死亡率の研究は“Causes of Mortality, Fat Condition, and Weights of Wintering nowy Owls”（Paul Kerlinger and M. Ross Lein, 1988）に述べられている。ビクトリア島のシロフクロウのひなは、David Parmelee の手で脚輪をつけられた。カレル・フォーユスの引用は1988年の著書 *Owls of the Northern Hemisphere* より。Mike Fuller、Denver Holt、Linda Schueck は、アラスカ州バローで1999年から2001年にかけて、シロフクロウの衛星追跡の予備研究を行なった。2008年に海氷の上のシロフクロウを追跡したのは Marten Stoffel らだ（“Long-Distance Migratory Movements and Habitat Selection of Snowy Owls in Nunavut”）。ノーマン・スミスは Mass Audubon と共にローガン空港シロフクロウ・プロジェクトに取り組んでいる。衛星タグをつけたフクロウの動きを示す地図は Mass Audubon のウェブサイトに掲載されている（2013年3月閲覧）。1995年4月、『ニュー・インターナショナリスト』誌に掲載された遊牧民についての記事タイトルは“The Facts”である。現生人類の「出アフリカ」説は広く受け入れられているが、その時期については変わり続けている。1番最近では、Fernando Mendez et al.（2013）が出発の始まりを、従来の推定より古い33万8000年前まで早めた。Aki Nikolaidis と Jeremy Gray（2010）はDRD4

レビ番組『鳥の世界』の「空を舞う肉食獣」という話に触発されたものだ)。ジョン・ジェームズ・オーデュボンのコンドルの実験に関する記述の初出は、1826年の *The Edinburgh New Philosophical Journal* である。それに続く反論の中に、Charles Waterton が *The Magazine of Natural History* に発表した3編の記事(1832-1833)がある。ダーウィンの『ビーグル号航海記』は、1839 年に当初は *Journal and Remarks* として発表された。ジョン・バックマンによるコンドルの研究は、"An Account of Some Experiments Made on the Habits of the Vultures Inhabiting Carolina, the Turkey Buzzard, and the Carrion Crow, Particularly As It Regards the Extraordinary Powers of Smelling, Usually Attributed to Them"(1834)の題名で 16 ページの小冊子として出版された。新世界のコンドルの分類法には議論の余地がある。多くの専門家はコウノトリに近いと主張してきた(たとえば Charles G. Sibley and Burt L. Monroe, Jr., in 1990)が、独立した目を構成すると考える者もおり、最近のDNA分析(Shannon Hackett et. al., in Science, 2008)は、新世界のコンドルは猛禽に近いことを示している。コンドルの消化は、2008 年に *Audubon* 誌に掲載された T. Edward Nickens による興味深い記事に記述されている。ケネス・ステージャーはユニオン・オイル社職員によるヒメコンドルについての話を、1964 年の研究論文"The Role of Olfacton in Food Location by the Turkey Vulture (Cathartes aura)"に収録している。パナマでのニワトリの死骸を使った実験は、David Houston によって行なわれ、1986 年に発表された。さまざまな臭いに対するヒメコンドルの感受性の室内実験は、Steven A. Smith と Richard A. Paselk が、"Olfactory Sensitivity of the Turkey Vulture (Cathartes aura) to Three Carrion Associated Odorants"と題する 1986 年の論文に記述している。鳥の味蕾に関する情報は、Frank Gill による教科書 *Ornithology*(2007 edition)に挙げられている。

シロフクロウの放浪癖

ダルースでのシロフクロウの目撃は、地元バードウォッチャーのメーリングリスト mou-net で最初に報告された。2011 年から 12 年にかけて侵入したシロフクロウの総数は、eBird.com に集められた多数の報告にもとづく。Jim Robbins による『ニューヨーク・タイムズ』の記事は、2012 年1月 12 日付に掲載された。私がフェーン・リッジでシロフクロウを見たのは、2011 年 12 月 29 日のことだ。

の論文タイトルは“The Re-emergence of 'Emergence': A Venerable Concept in Search of a Theory”である。ジョン・コンウェイのライフゲームは、セル・オートマトン——規定のルールに従って変化する細胞のマス目——に関する数学的研究の全分野に波及し、物理学、生物学などの他分野にきわめて興味深い洞察を生み出し続けている。クレイグ・レイノルズは、思わず見とれるようなボイドのモデルのデモンストレーションを red3d.com/cwr/boids に投稿した（2013 年 3 月閲覧）。現実のユーチューブ動画“Murmuration”をそっくりに模倣しているため、一見の価値がある。現在の速度と方向のみから、天体の軌道を重力場の相互作用の中で予測することを「多体問題」と呼び、これは今のところ、3 体以上の場合は正確には解けない。イタリアの研究者によるムクドリの群れのモデルは“Empirical Investigation of Starling Flocks: A Benchmark Study in Collective Animal Behavior”（Michele Ballerine et al.）に記述され、また、位相的距離の結論は“Interaction Ruling Animal Collective Behavior Depends on Topological Rather Than Metric Distance: Evidence from a Field Study”（Michele Ballerini et. al）に報告されている。いずれの論文も 2008 年のものだ。シェークスピアの話は、ムクドリの移入についての俗説のはしばしに出てくるが、正確な 1 次資料について私は知らない。しかしバッタのアルバート群は、誇張した話ではない。それは、長さ 2900 キロ、幅 180 キロ、高さ 2 キロから 2.5 キロ（！）というバッタの群れの定量的な測定値から、控えめに推測したものであり、記録にあるもっとも大きな単一の動物の集団である（Jeffrey Lockwood の 2005 年の著書 *Locust* にあるように）。ムクドリの減少は、2012 年に英国鳥類保護協会が報告している。アンドレア・カバーニャらの 2010 年の論文“Scale-free Correlations in Starling Flocks”は、群れの相関長の関係について述べている。また、2012 年の論文“Statistical Mechanics for Natural Flocks of Birds”では、群れを自発磁化の観点から論じている。ジョージ・ミラーの論文“The Magical Number Seven, Plus or Minus Two: Some Limits of Our Capacity for Processing Information”は元々は 1956 年に発表された。アンドレア・カバーニャにはEメールでのいくつかの質問に対して、親切に答えてくれた。

ヒメコンドルの並はずれた才能

挿話は、2000 年 6 月にシカの死骸でヒメコンドルを裏庭におびき寄せようとした私の体験にもとづく（デイビッド・アッテンボローによる 1998 年の連続テわれた。ルパート・シェルドレークの記事“The Unexplained Powers of Animals”は、2003 年に *New Renaissance* 誌上で発表された。Andrew Blechman は 2007 年の著書 *Pigeons: The Fascinating Saga of the World's Most Revered and Reviled Bird* で、鳩レースの歴史を余すところなく解説している。傾斜した回転板の実験を行なった Hans Wallraff は、地図とコンパスに関して 2005 年の著書 *Avian Navigation: Pigeon Homing as a Paradigm* で報告している。ハトが道路づたいに飛ぶところは、Tim Guilford らによる 2004 年のオックスフォード大学の研究で追跡されている。「太陽コンパス」は Gustav Kramer が 1951 年のムクドリによる実験で発見した。Stephen Emlen は 1967 年にルリノジコによるプラネタリウムの実験を行なった。Mel Kreithen はハトが可聴下音を聞き取れることを初めて示した。Kreithen はハトの偏光の知覚を調べるなど、ハトの方向感覚に関する草分け的実験を多数行なった。ハトの磁気知覚の神経基盤は、Le-Qing Wu と J. David Dickman による 2012 年の『サイエンス』の記事で説明されている。Katrin Stapput は 2010 年にコマドリの実験を行ない、右目が磁場を感知することを証明した。Floriano Papi は 1972 年に初めてハトの嗅覚地図を提案した。嗅覚は、方向感覚に関係するものとして、現在も議論が続いている。Martin Wikelski は 2011 年に右鼻孔の研究結果を発表した。Jon Hagstrum は 2013 年にハトの失踪を可聴下音と結びつけた。2012 年 8 月に北東イングランドでレース鳩が次々に消息を絶つと、バードミューダ・トライアングルは大手メディアが取りあげるようになった。空中のハトの序列は 2010 年の『ネイチャー』の論文に記述がある。南アフリカの 100 万ドル鳩レースは、南ア北部のサン・シティ・リゾートで 16 年間行なわれたのち、2013 年にエンペラーズ・パレスに移転した。

ムクドリの群れの不思議

ムクドリの群れの動画を観たことがなければ、YouTube で「murmuration」を検索すると驚くだろう。リチャード・バーンズはムクドリの写真の個展（題は Murmur）をシアトル、ボストン、ニューヨークのギャラリーで開いた。ジョナサン・ローゼンは 2008 年に *The Life of the Skies* を著した。ジェフリー・ゴールドスタインはアデルフィ大学教授で、複雑系、創発、組織行動を専門とする。スティーブン・ジョンソンの『創発』は 2002 年に出版された（邦訳は 2004 年、山形浩生訳、ソフトバンククリエイティブ）。ピーター・コーニングの 2002 年

註釈および参考文献

大量の文献のエッセンスがこの本には凝縮されている。各章はそれだけで1冊の本にできるし、すでになっているものも多い。こうしたテーマを余すところなくあつかっているとはとても言えないが、とてもすばらしく、おもしろく、考えさせられる鳥の世界を見てもらおうと、参照できる研究のさわりとまとめを紹介している。提示したテーマの中には、野外での個人的な経験にもとづく私の独自解釈もある（たとえば、アホウドリは愛を感じるなど）が、事実は事実だ。主な情報源は、各章での登場順に以下に列挙した。これでも端折ったリストなのだ。すべての参考文献を挙げるより、私はもっとも興味深い研究と、それを行なった科学者を目玉にして、関心を持った読者が探究を深められるようにした。

知られざるハトの帰巣能力

私は迷子のレース鳩の飼い主、マーティーを、脚輪の数字を American Racing Pigeon Union のウェブサイトで調べて突き止め（脚輪をつけた迷いバトを見つけたら報告してやってほしい——飼い主はとても喜ぶ）、2012 年の春に電話でインタビューした。鳥の方向感覚というのは非常に大きなテーマで、鳥はどうやって進路を見つけるかについては多数の本が書かれている。たとえば Miyoko Chu のよく調査された *Songbird Journeys* (2007)、Scott Weidensaul の渡りに関するすぐれた解説書 *Living on the Wind* (2000) などだ。したがってこの章は、帰巣行動の重要部分にようやく届いたところだ。ロザリオ・マッゼオはミズナギドリによる実験の結果を、1953 年の記事 “Homing of the Manx Shearwater” で報告している。奇跡の犬ボビーについては少なくとも3冊の本が出ている。ニンジャは、公共放送サービス（PBS）が当初 1999 年に放送した *Nature* で特集された。ヨセミテ国立公園のクロクマ管理手順は、1997 年のカリフォルニア州魚類鳥獣保護局の文書で概要が定められた。コクチバスの帰巣実験は R. W. Larimore が 1952 年に記録している。リンゴマイマイの帰巣行動は、2010 年にBBCラジオ4の “So You Want to Be a Scientist” 賞を受賞した 69 歳の主婦 Ruth Brooks による研究で記録されたと、『テレグラフ』紙は報道している。ミヤマシトドの帰巣実験は Richard Mewaldt によって 1960 年代と 70 年代に行な

【は】

【さ】

索引

訳者あとがき

本書は二十代の若き鳥類研究者、ノア・ストリッカーの二冊目の著書である。「鳥オタク」を自任する著者は、高校生のころにシカの死骸を拾ってきて自宅にコンドルをおびき寄せ、写真を撮影したという筋金入りのバードウォッチャーだ。現在ではフォークランド諸島、オーストラリアの原野、南極（その様子は一冊目の"Among Penguins"と本書のペンギンの章に描かれている）など辺境地を含めた世界各地を飛び回り、ときには真冬だというのに汗まみれになって泥沼を渡り、また灼熱の荒野でウォークイン冷蔵庫にたびたびこもりつつ観察を続けている。こうした豊富な野外観察の成果と鳥類学や動物行動学の知見に、さまざまな分野の話題——記憶競技、ゲーム理論、奇妙なベンチャー・ビジネス、テニスまで——を織りまぜ、時にユーモラス、時に詩的な文体で語ったのが本書だ。

ここに描かれた鳥の興味深い生態や行動は、必ずしもすべてが新発見というわけではなく、中には昔からよく知られたものもある。ハトの帰巣本能、ニワトリのつつき順位などは、多くの読者がこれまでにどこかで見聞きしているだろう。ムクドリの群れは実際に目にする機会も少なくない。それでもなお、この本は新鮮だ。その理由の一つは「人間と他の動物のへだたりは、両方の端から縮まってきている」という本書を貫くテーマが新しく、魅力的だからだと思う。

最近の研究により、人間の特質とされていたもの、たとえば音楽に合わせて踊る、鏡に映った自分の姿を自分だと認識する、芸術の創造、利他的行為、愛などが鳥にも認められ、一方で人間のそうした行動も、かなりの程度本能に根ざしているらしいことがわかってきたという。これが両端から縮まっているということだ。したがって、鳥と人間の何が共通し何が違うのかを考えることは、人間の本質について考える哲学的な考察に通じる。そもそも芸術とは何か。自己の利益を顧みない純粋な利他主義はありえるのか。愛のありかたにはどのようなものがあるのか。そして鳥の中に映しだされた人間性をどう見るかは、とりもなおさず人間そのものをどう見るかを表す。「鳥を研究することは、究極的には人間について知ること」という著者の持論は、鳥と人間への深い洞察として、この本のはしばしに現れている。

末筆ではあるが、校正作業において貴重なアドバイスの数々をくださった築地書館編集部の北村緑さん、今回もすばらしく面白い本を発見して、翻訳のチャンスをくださった土井二郎社長に心から御礼を申し上げる。

二〇一五年十一月

片岡夏実

【著者紹介】

ノア・ストリッカー（Noah Strycker）

アメリカ野鳥協会発行の『バーディング』誌編集委員。元『ワイルドバード』誌コラムニスト。その他の鳥に関する出版物にひんぱんに寄稿している。オーストラリアの原野、南極など世界有数の過酷な環境の地域を含め、世界各地で鳥の研究を行なっており、最初の著書である“Among Penguins”（2001 年）では、基地から遠く離れたキャンプでペンギンを研究したひと夏を描いている。ライフリスト（確認した鳥のリスト）は 6 大陸で 2500 種に迫り、世界の鳥の 5 分の 1 に当たる。テニス選手でもあり、フルマラソンを 5 回完走している。2011 年には自然歩道パシフィック・クレスト・トレイルをメキシコからカナダまで 4290 キロ踏破し、最近では太平洋岸北西部の自然保護区域を 1 日に 102 キロ歩いている。フィールドワークに出ていないときにはオレゴン州で執筆と講演を行なっている。

【訳者紹介】

片岡夏実（かたおか・なつみ）

1964 年神奈川県生まれ。 主な訳書に、マーク・ライスナー『砂漠のキャデラック　アメリカの水資源開発』、エリザベス・エコノミー『中国環境リポート』、デイビッド・モントゴメリー『土の文明史』、トーマス・D・シーリー『ミツバチの会議』、デイビッド・ウォルトナー＝テーブズ『排泄物と文明』、スティーブン・R・パルンビ＋アンソニー・R・パルンビ『海の極限生物』（以上、築地書館）、ジュリアン・クリブ『90 億人の食糧問題』、セス・フレッチャー『瓶詰めのエネルギー　世界はリチウムイオン電池を中心に回る』（以上、シーエムシー出版）など。

鳥の不思議な生活
ハチドリのジェットエンジン、ニワトリの三角関係、
全米記憶力チャンピオンvsホシガラス

2016年1月26日　初版発行

著者　ノア・ストリッカー
訳者　片岡夏実
発行者　土井二郎
発行所　築地書館株式会社
東京都中央区築地7-4-4-201　〒104-0045
TEL 03-3542-3731　FAX 03-3541-5799
http://www.tsukiji-shokan.co.jp/
振替 00110-5-19057
印刷・製本　シナノ印刷株式会社

ISBN 978-4-8067-1508-5　C0045